Textbook of Bird's Reproductive Behavior

鳥友必備！寵物鳥「發情」應對手冊

鳥のお医者さんの「発情」の教科書

海老澤和莊 著
連雪雅 譯
林依儒 審訂

從鳥寶性知識、下蛋到發情行為處理，
鳥名醫給飼主的幸福教科書

前言

鳥兒在每天的生活中，為我們帶來喜悅與療癒。牠們優雅飛躍的姿態與輕柔婉轉的歌聲，讓我們的內心喜樂平靜，成為你我心中的重要部分。不過，我們真的了解寵物鳥的一切嗎？尤其是鳥類的性問題，多年來一直被忽視，因此我認為有必要深入理解很快就「長大」、進入性成熟階段的鳥兒們的生態。也許有人會驚訝，原來鳥兒也有「性衝動」。

我多年來為鳥兒進行診療，發現與其他動物相比，鳥類罹患生殖系統疾病的比率非常高。本書中也會提到這種現象的起因，生殖系統疾病的發病率其實和「發情」有著密切的關係。過去，由於缺乏關於鳥類性與發情的正確知識，使得許多鳥兒生了病。想讓牠們活得健康長壽，必須要有一定程度的正確知識。為了守護鳥兒的健康，和牠們一起長久生活下去，我才寫下這本書。

本書是有系統地學習鳥類發情相關知識的教科書，從生理學、動物行為學、病理學、動物倫理學等多方面角度解說鳥類的發情，並提出應用具體方法或知識來抑制發情的實踐範例。藉由這些發情相關的知識，應該能促使大眾尊重鳥類生命的本質，知道如何預防或治療與發情相關的疾病和問題行為。

衷心期盼本書能夠幫助各位深入理解鳥類的發情，使牠們活得健康長壽，讓飼主與鳥兒建立深厚情誼，增添共同生活的喜悅。

橫濱小鳥醫院院長　海老澤和莊

CONTENTS

第2章

了解鳥類的發情期

第3章

抑制鳥兒發情的生活方式

第4章 利用荷爾蒙治療藥抑制發情

第 1 章

鳥類的身體與性

鳥類的「發情」

一般來說，發情是和動物的繁殖行為有關的生物學現象，指的是為了繁殖變得性活躍的時期或狀態。鳥類的發情會因應各種條件而發生，模式或時機依鳥的種類而異。由於野鳥和寵物鳥（鳥寶）的生活環境差異較大，很難一概而論。本書以科學性的解說為基礎，探討至今很少被談論的「寵物鳥的發情」議題，並嘗試提出讓鳥寶擁有更優質生活的方法。

鳥兒開始發情後，會依序出現築巢、求偶、生蛋、孵蛋（抱卵）、育雛等一連串的繁殖行為，為了養育下一代，牠們的身心也會出現變化。這些步驟，都反映著鳥類的演化與生存戰略。發情的機制對鳥類的種族存續而言，可說是貢獻良多。發情與繁殖行為，是那些令我們深深著迷的鳥兒引以為傲的美好生命活動之一。

發情，是不好的事？

有時會有人問：「既然發情是不好的，應該要制止才對吧？」但其實，不該以「好或不好」來判斷，而是要用「這隻鳥現在的身體是否需要發情」來檢視這件事。

在野外，鳥類發情並進行繁殖行為是很自然的現象。為了繁衍種族，發情是非常重要的，如果沒有發情，就無法留下後代。

然而，作為寵物飼養的鳥類大多並不會進行繁殖。儘管許多繁殖者具備專業的知識與經驗，也擁有完善的育種環境，但飼養寵物鳥又是另一回事。在此向各位強調，本書僅針對「寵物鳥的發情」進行討論。

回歸正題，即使鳥兒的祖先一直都是被飼養的鳥，牠們的生物本能也不會就此消失。發情既無法自行克制，也無法靠「雛鳥時期的養育方式」這類因素來決定。發情是鳥類本身控制不了的事。

對公鳥與母鳥造成的身體影響不同

在思考發情這件事時，請各位務必留意「性別」。公鳥與母鳥在繁殖中扮演的角色各不相同。

在繁殖過程中，公鳥負責製造精子，母鳥受精後則在體內形成卵，再從小小的泄殖孔產出。思考這一連串過程會發現，公鳥製造精子消耗的資源比母鳥少得多，身體負擔也相對輕微。當然，如同第5章中詳細說明的，公鳥也會因發情而引發疾病。但一般而言，發情對公鳥造成的影響有限，也不像母鳥會因此導致性激素混亂。由於公鳥體內具有要將基因傳遞給更多母鳥的本能，一旦進入發情期，就會產生強烈的性衝動（性慾），並出現類似交配（自慰）的行為。透過射精，性衝動能暫時緩解，但很快又會恢復。在自然的繁殖情況下，育雛期會讓強烈的性衝動減弱，然而寵物鳥的一生大多處於發情狀態，這代表公鳥一輩子都要承受無法被滿足的性衝動。採取抑制發情的對策，能讓鳥兒的生活從「壓抑性衝動、持續慾求不滿」，轉變為「抑制發情與繁殖的慾望、減輕不滿與痛苦」。這對公鳥而言，也許能在心理照護方面發揮很大的作用。

相對之下，發情對母鳥造成的問題更為嚴重。因為發情會導致牠們不斷產卵，進而縮短壽命。產卵對母鳥的身心造成嚴重影響及負擔，為了製造卵，鳥體內也會大量消耗蛋白質、脂質、鈣等資源。即使沒有實際產卵，只要持續發情，就可能罹患腫瘤等生殖疾病。就算沒有公鳥，母鳥也可能會將人類或物品視為伴侶，在未交配的情況下產下無精卵，因此即使只養一隻母鳥，也不能掉以輕心。

考量鳥兒的「動物福祉」

鳥兒若總是處於發情狀態，會降低牠們的「動物福祉（animal welfare）」，這也是近年來備受關注的議題。所謂的動物福祉，原是從畜牧領域發展而來，是人類在將動物作為肉品等用途的過程中逐漸形成的概念。過去，人們普遍認為「反正都要拿來吃，怎麼養都沒關係」；但現在，即便是不得已需要使用動物，「不該讓動物受苦」的動物福祉觀念也已經廣泛普及。飼養寵物，也可說是「使用動物」的一種。因此，抑制鳥兒的發情，也是以「避免鳥兒因生殖疾病發作或壓抑性衝動而受苦」的理念為前提。尤其是母鳥，為了讓牠們活得健康長壽、預防疾病發生，必須以可持續進行的方法努力控管會影響發情的因素。

讀到這兒，有些人也許會認為讓鳥兒進行繁殖，牠們會更幸福。的確，遵從本能的繁殖能讓鳥兒獲得短暫的滿足。但僅靠一次繁殖，並不能讓牠們獲得終生的滿足。一旦繁殖結束，又會迎來下一個發情期，倘若讓鳥連續進行繁殖，又會對身體造成極大的負擔。抑制發情的基本原則，並不是讓牠們忍耐性衝動，而是避免性衝動產生，這樣自然就能預防生殖疾病。

理解鳥兒的性衝動

許多飼主會說，自己「像對待孩子一樣疼愛鳥兒」。牠們的確是那種讓人想捧在手心、當成心肝寶貝的存在，但這樣的想法其實很危險。鳥兒會發情，表示牠們不再是小孩，而是性成熟的成鳥了。有些「像孩子一樣」被疼愛的鳥，甚至已經是大叔、大嬸，甚至更年長的老人家。鳥是很特別的生物，外表幾乎看不出老化，雖然可愛，卻不會永遠都是「孩子」。作為「大人」，牠們已經具備繁殖的本能。

不過千萬別誤會了，鳥並不是為了生育後代才發情。只有人類知道性行為會產下後代，動物並不知道依循本能慾望去行動會產生什麼結果。因發情而產生的性衝動，僅止於「想進行性行為（交配）」的慾望，鳥並不一定知道這會導致產卵。看到蛋時，牠們會基於本能產生孵蛋的慾望。然而，牠們也不是真的知道蛋會孵出雛鳥，或其中的作用機制。結果當看到孵化的雛鳥、聽到牠們的叫聲，又會因本能而想哺雛。鳥類的基因中內建的，並不是「應該繁衍後代」這樣籠統的指令，

而是在各階段分別嵌入具體的慾望，例如「交配」、「孵蛋」、「育雛」等等。因此，抑制發情的目的是為了抑制「性衝動」，也就是交配的慾望。

鳥類無法進行「外科去勢」

狗和貓到了適齡期，為了避免發情，會進行「外科去勢」。通常雌性稱為絕育手術，雄性則是去勢手術（結紮）。在迎接性成熟的時期進行手術，目的是減輕身體負擔或發病風險，並透過抑制性衝動，讓這些毛孩更容易與人類一同生活。

不過，鳥兒要進行外科去勢並不容易，尤其是母鳥。因為鳥類的身體構造和哺乳類動物不同，手術操作並不簡單。鳥類的卵巢緊貼在背部的腹膜，不管怎麼處理都無法徹底摘除（請參閱18頁的圖示）。雖然公鳥可以去勢，但睪丸也不像哺乳類動物位於體外，必須在腹部劃開極小的切口進行摘除，這需要高超的技術。此外，術後還可能伴隨出血和腸道蠕動障礙，風險相當高。如果像狗或貓那樣，手術風險不大，那當然可以考慮施行，但現階段要對公鳥進行外科去勢仍然相當困難。

因此，若要抑制鳥兒的性衝動、降低身體負擔與生殖疾病的發病率，就必須在日常生活中抑制發情。第3章會詳細介紹具體的方法，無論採用哪一種，都需要飼主的努力與配合。在尚未適應的階段，許多飼主可能會覺得很辛苦，至今我也常聽到這樣的心聲。然而，發情之所以難以抑制，是因為發情導致的繁殖行為，與鳥類的生存目的直接相連。

發情到什麼程度，需要採取對策？

如前文所述，對不進行繁殖的鳥類而言，發情並非必要。尤其是母鳥，理想狀況是最好不要發情。

野鳥一年會繁殖1～2次，若寵物鳥是這樣的頻率，還算是可容許的自然發情狀態。母鳥一次的發情期約持續2～3週，因此一年2次、每次2～3週

公鳥的生殖器官（發情時）

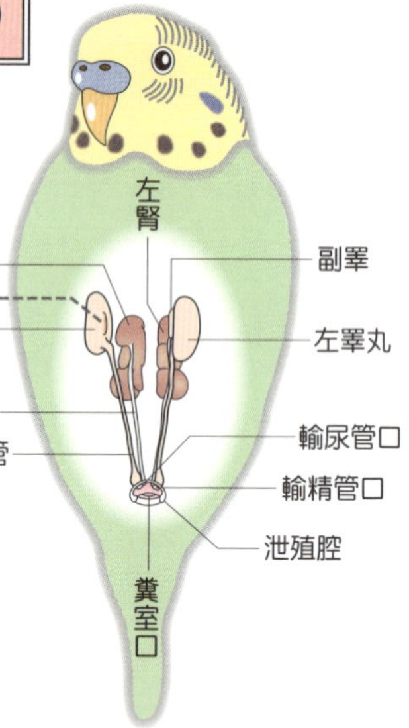

睪丸韌帶

這是切斷韌帶、將睪丸翻轉的簡易圖示。
只要切斷韌帶就能摘除睪丸，但下方就是腎臟、腹主動脈及下腔靜脈，手術風險很高。

母鳥的生殖器官（發情時）

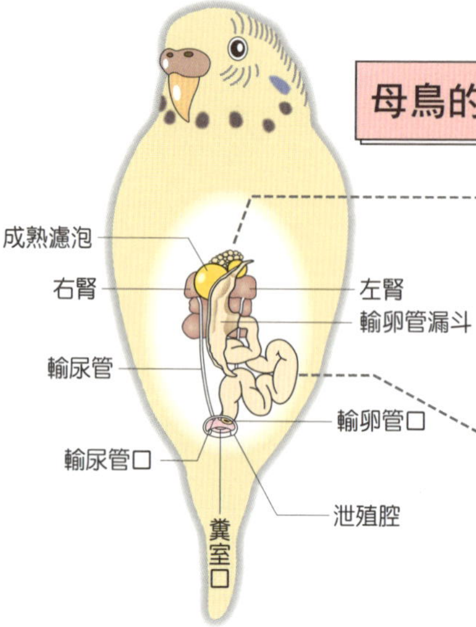

卵巢

因為卵巢附著在背部（腹腔背側），無法透過手術摘除。倘若摘除，可能會傷到腎臟或腎上腺、腹主動脈。

輸卵管

輸卵管並未貼合背部，只要切斷背側的繫膜就能摘除。

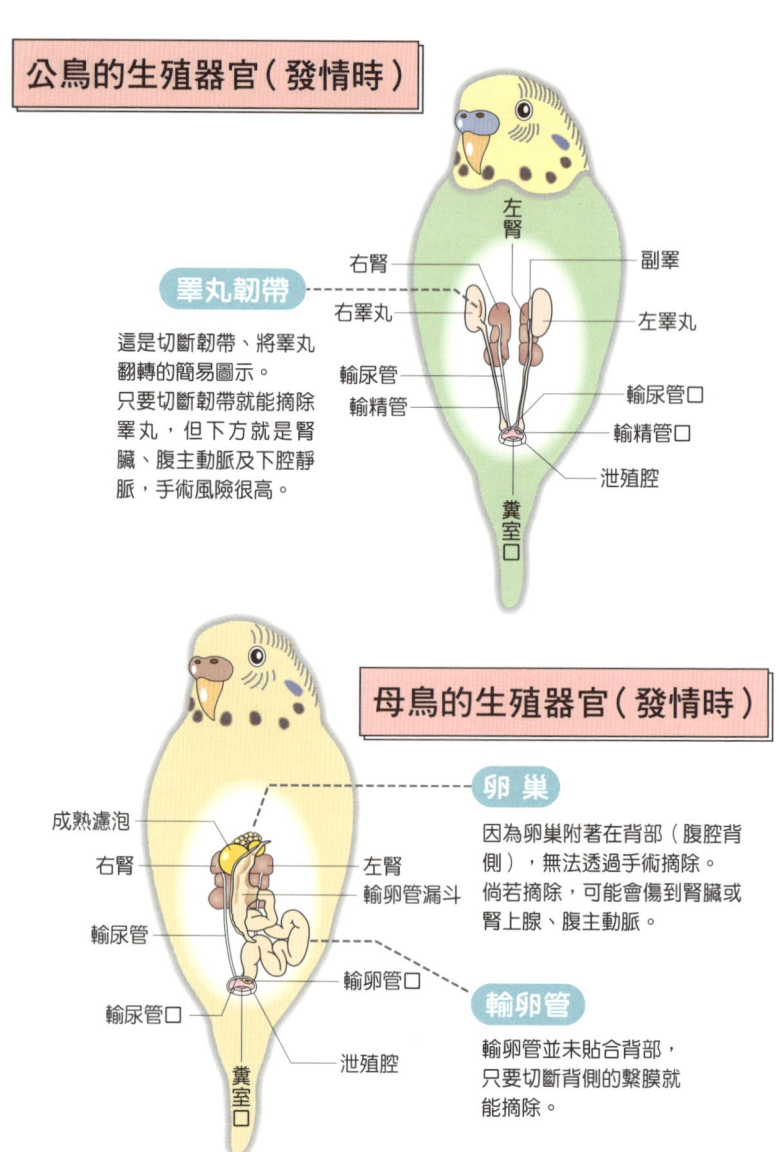

的發情期，大致是不會對身體造成影響的可接受範圍極限。順帶一提，燕雀類約為兩週，鸚鵡類則大約是三週。但對飼養母鳥的飼主來說，這樣的標準未免過於嚴苛了。

不過，如果完全沒發情，也沒有肥胖的情況，就不必採取抑制發情的措施。當然，如同後面會說的，若在血液或健康檢查中發現了與發情相關的疾病或身體異常，那不論發情次數多寡，都應該積極治療與採取對應措施。

經常有人問我：「完全沒產卵和有產卵的鳥，哪個比較健康、長壽？」遺憾的是，目前仍沒有相關的研究報告。因為鳥類壽命較長，要長期維持完全抑制發情的狀態本身就很困難，所以比較性的研究沒有明確進展。不過，單從產卵會大量消耗母鳥身體資源這個事實來看，還是不產卵比較好。

獸醫們之所以建議飼主抑制鳥類的發情，是因為發情引發的生殖疾病很多，不少鳥兒因此喪命。透過措施抑制發情，確實能夠拯救更多鳥兒的性命。

要飼養鳥兒，就要協助抑制發情

要等到母鳥不再出現發情行為，X光檢查和血液檢查中也沒有出現發情跡象時，才能停止抑制發情的措施。但有件事必須留意：即使表面看不出發情行為，實際上仍有可能持續輕度的發情，所以必須進行詳細的檢查加以確認。此外，要在家中抑制發情，主要的對策是飲食控制。如果已經停止發情卻還是肥胖，飲食控制就必須持續進行。有些飼主不忍心一直這麼做，但為了讓鳥寶活得健康長壽，抑制發情是必要之務。這與鳥兒身形大小無關，即使是大型鸚鵡，也要謹守相同的基本原則。

留意避免錯誤的抑制方法

關於抑制發情，人們至今反覆摸索並嘗試了各種方法，其中有許多都忽略了前面提過的動物福祉。例如過去常有人主張：「只要發現發情行為，就要立刻制止。」第2章將詳細介紹發情的行為，像是公鳥會磨屁股、反芻吐料，母鳥會擺出接受交配的姿勢等。但即使制止行為，也無法抑制發情本身，干擾發情反而可能造成鳥兒強烈的壓力。這些行為，是鳥兒已經進入發情期的訊號。飼主若察覺到這些行為，就應該著手實施或重新檢視第3章所介紹的發情抑制對策。

抑制發情的基本觀念與目標

接下來，會介紹抑制發情的基本觀念，其中會夾雜一些生物學知識。地球上除了鳥類，還存在著各式各樣的生物，但從某個角度來看，所有生物基本上都在做相同的事，那就是「自我保護」與「自我複製」。在生物學中，「自我保護」指的是攝取食物、避開危險，保住自己的生命；「自我複製」則是藉由細胞分裂或DNA複製來複製自己，從而進行繁殖。

這兩種行為是基因內建的本能規則，自我保護是生存的本能，自我複製則是繁殖的本能。這兩種本能讓生物變得更適合環境，也更能有效繁殖。而所有本能中，最優先的就是自我保護。當食物充足、能夠從容生存，生物才會進行自我複製，也就是繁殖。這是抑制發情的根本：將鳥兒的餵食量控制在僅足以維持基本生存的份量，就不會啟動牠們自我複製的本能。

母鳥與公鳥的抑制發情目標大不相同，母鳥可以完全抑制發情，所以目標就是「不讓牠們發情」。而人工飼養的公鳥無法完全抑制發情，因此應該以「盡可能降低性衝動」為目標。

以有效且有科學根據的方法抑制發情

綜合前述，目前抑制發情最有效的方法就是飲食控制。因為鳥類在繁殖期會需要大量能量，食物的可取得性會影響發情。其實即使是在野外，遇到乾旱或水災等導致食物短缺的情況，鳥的繁殖率也會下降。過去，抑制發情最常見的方法是「調整生活作息」，但光是這樣效果並不足夠。隨著研究進展，在大約十年前引入飲食控制的方法後，發情頻率顯著降低，臨床上因為腹壁疝氣或挾蛋症（卡蛋）而需進行開腹手術的案例也大幅減少。

如果只靠家中的飼育方法無法抑制發情，也可以考慮藥物治療。近年來透過各種研究，已經逐漸掌握了對公鳥和母鳥都有效的荷爾蒙治療藥物（參閱第4章）。請各位參考本書，試著找出最適合家庭及鳥兒個性、健康狀況的發情抑制對策。

Column

飼主的煩惱諮詢問答

我家孩子和鳥寶總是玩在一起，最近鳥寶開始在孩子手上磨蹭，孩子問我：「牠在做什麼？」我該怎麼解釋才好呢？

（來自文鳥♂的飼主）

有小孩的家庭，常會煩惱如何解釋發情的行爲。跟孩子說明時，可以說「這是鳥兒長大後，自然會做的事」，或是「小鳥長大了，會遵循動物的本能留下後代」。重點在於讓孩子知道，這是自然的行爲。如果讓孩子覺得是壞事或留下負面印象，對孩子的性教育也可能產生不良影響。

儘量避免說明得太詳細，根據孩子的年齡或理解程度傳達必要的事實卽可。例如在解釋公鳥的交配行爲（磨蹭）時，可以說：「在生小鳥時，公鳥會騎到母鳥身上，讓屁股貼在一起喔。小嗶（鳥寶的名字）大概是把你的手當成母鳥了呢。」

接著可以說：「爲了不讓小嗶再把你的手當成母鳥，假如牠又要這樣做，就別讓牠看到手喔。」要讓孩子先理解鳥類與人類共同生活的重要性，此外，引導他們與鳥適當保持距離也很重要。

第2章

了解鳥類的發情期

發情的週期

鳥類的發情期並不等於繁殖期，發情期只是繁殖期初期的一個階段。在繁殖期的不同階段，鳥兒的行為也會有所不同，要經常確認家中的鳥寶正處於哪個階段。發情的行為也因鳥的品種而異，如果不確定發情行為是什麼，請參考本章內容或書末附錄。本章將分別解說公鳥與母鳥在各階段可能出現的行為與身體變化。

鳥類的繁殖階段

以野鳥的情況為例

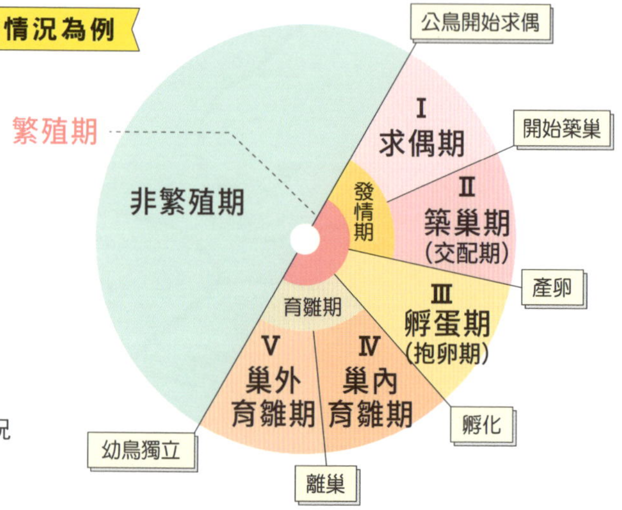

寵物鳥的情況
請參閱60頁

繁殖期

如右頁下圖所示，繁殖期是包含多個循環階段的廣義稱呼。包括求偶交配的時期、產卵並孵化的孵蛋（抱卵）期，以及雛鳥孵化後的育雛期，這些就稱為繁殖期。結束育雛、雛鳥離巢後，便進入非繁殖期，野鳥會不斷重複這樣的循環。

在野外，鳥類的繁殖期通常每年一次；在食物充足的環境中，也常有不經過非繁殖期、連續繁殖兩次的情況。但若遇到乾旱或洪水等導致食物不足，牠們有時也會停止繁殖。不過在飼養環境中，通常不允許鳥孵蛋，也缺乏育雛期，一旦牠們有充足的體力，就很容易再次進入發情週期。而反覆發情的情況，往往會導致慢性發情。

話雖如此，請不要因此認為「讓鳥兒繁殖比較好」。有時，有些飼主會覺得「既然會生好幾顆蛋，就讓牠生」，於是就讓鳥兒產卵、孵出雛鳥。然而，要讓雛鳥健康成長，母鳥的營養狀態非常重要。如果已經多次產卵，母鳥的身體可能早就缺乏營養，無法提供蛋充足的營養。此外，若孵蛋（抱卵）狀態不佳，也可能導致雛鳥畸形或健康不良。即使成功孵化，如果母鳥是很早就離開父母、被人類飼養的鳥兒，就可能無法好好育雛。有些剛出生的雛鳥因此被棄養，若又是小型鳥，就更難由人類飼養。假如飼主一開始就有計畫進行繁殖，那選擇由親鳥自然養大的母鳥，並在經過非繁殖期後，再放入巢箱進行繁殖，就能降低問題發生的機率。但即便如此，也務必仔細考量自己能否順利養育多隻鳥兒，能否妥善照顧牠們，經濟與空間條件是否允許。

I 發情期

發情期是由求偶期與築巢期（交配期）構成。進入求偶期時，由公鳥先發情，接著向母鳥展開追求；母鳥受到刺激後，也會開始發情、進入求偶期。在這個階段，公鳥與母鳥的求偶期會相差數日。

❶ 公鳥的發情（求偶）行為

公鳥的發情（求偶）行為，是一種稱為「求偶表態（display）」的動作，用來展現魅力、吸引母鳥。以虎皮鸚鵡為例，公鳥會讓頭部羽毛與臉頰蓬起、瞳孔縮小，邊鳴叫邊上下或左右搖頭晃腦，向母鳥示好，然後反芻吐料送給母鳥。此外，還有「說話」這招。虎皮鸚鵡本來就有模仿母鳥叫聲的習性，牠們會模仿並記住母鳥的聲音，發出聯繫鳴叫（contact call）吸引母鳥，這也與牠們會學習人類語言有關。

〈公虎皮鸚鵡的發情行為〉

右邊的公鳥頭部蓬鬆、瞳孔縮小呈點狀。左邊的母鳥正在接收反芻吐料。

影片

玄鳳鸚鵡求偶時則會張開翅膀，這個動作俗稱「waki waki」（日文的「腋下」讀作waki）。牠們會邊做這樣的動作，邊發出「喀喀喀……」的叫聲，向母鳥熱烈示好。只要聽到這樣的聲音，那就是牠們在發情。

公愛情鳥不會發出明顯的鳴叫聲，而是用喙發出喀喀聲，或用腳趾抓臉、邊反芻吐料邊在母鳥面前徘徊。那樣的動作看起來像在跳舞，但由於沒有特定規律，所以沒有特定名稱。

文鳥也會出現一些特殊行

〈公玄鳳鸚鵡的發情行為〉

影片

俗稱「waki waki」，是一種在求偶時微微張開腋下的行為。以這個姿勢發出熱情的啼鳴，是牠們的典型特徵。

〈公愛情鳥的發情行為〉

影片

為。先是磨擦鳥喙、發出「兜兜兜、喀喀喀」等喀噠聲，接著開始鳴叫，然後像跳舞一樣雙腳併攏、蹦跳起來。如果母鳥也回應這段舞蹈，做出相同的動作，便是表達願意交配的訊號，公鳥就會進行交配。

〈發情吐料〉

鸚鵡類特有的行為之一，是發情吐料。但文鳥不屬於此類，若文鳥出現反芻吐料的行為，首先要懷疑是生病了。玄鳳鸚鵡也幾乎不會反芻吐料，虎皮鸚鵡或

〈公文鳥的發情行為〉

影片

愛情鳥則比較頻繁，有時甚至會弄髒嘴巴或腹部。一旦對特定對象產生執著而頻繁吐出，就會變成「吃了就吐」的循環。發情吐料的對象，通常是棲木、鏡子、玩具、飼料盒或人的手指。

〈交尾行為〉

所謂交尾行為，是指用屁股磨蹭某物，也就是所謂的「磨屁股」。大多數公鳥都會這麼做，但也有一些不會。常見的對象包括人類的頭、手、棲木等等。如果過度頻繁進行，不只肛門周圍的

〈公鳥的發情吐料〉

虎皮鸚鵡對著鏡子進行發情吐料。

虎皮鸚鵡的發情吐料（影片）

愛情鳥的發情吐料（影片）

羽毛會磨損，有時甚至會磨破泄殖腔內的黏膜而便血。曾有飼主發現愛鳥出血，擔心是受傷或內臟疾病而帶來就診，結果其實是過度進行交尾行為導致的出血。

桃面愛情鳥或牡丹鸚鵡等愛情鳥的情況比較特殊，公鳥和母鳥都會擺出接受交配的姿勢。張開翅膀、拱起背部並維持不動，是母鳥接受交尾時的姿勢（請參閱40頁）。牠們張開翅膀，是為了在公鳥騎在背上時保持平衡。但這種行為未必是因為發情，有些母鳥也會像公鳥一樣壓在另一隻

〈公鳥的交尾行為〉

各種鳥類的交尾行為（影片）

母鳥身上，或做出磨屁股的動作。因此，有時很難分辨牠們是否處於發情期。

〈排他行為〉

排他行為是指不接受伴侶以外的人或鳥，變得具有攻擊性。這種行為存在個體差異，也有公鳥不會這樣做，通常是為了保護伴侶，而攻擊人類或其他鳥。據說雄性荷爾蒙分泌量較多時，更容易變得具有攻擊性。另外，也可能出現負面的「唯一依附」狀態。唯一依附分為兩種，一種是「除了這個人，其他人都很可怕，我只認這個人」；另一種則是「這個人是我的伴侶，其他人都別靠近，我會驅逐他們」，後者就屬於排他行為。

② 公鳥在發情期的身體變化

進入發情期後，公鳥的身體也會出現變化，特徵是生殖器官睪丸會發育變大。透過左頁插圖，可以看出鳥類非繁殖期與發情期的睪丸差異，也能清楚看出鳥類的睪丸是左右不對稱的（請參閱37頁）。

公鳥的睪丸

睪丸的大小在發情期與非繁殖期有明顯的差異。

非繁殖期

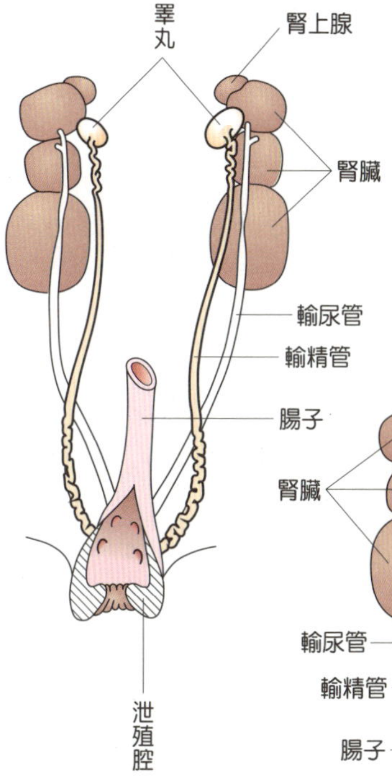

發情期

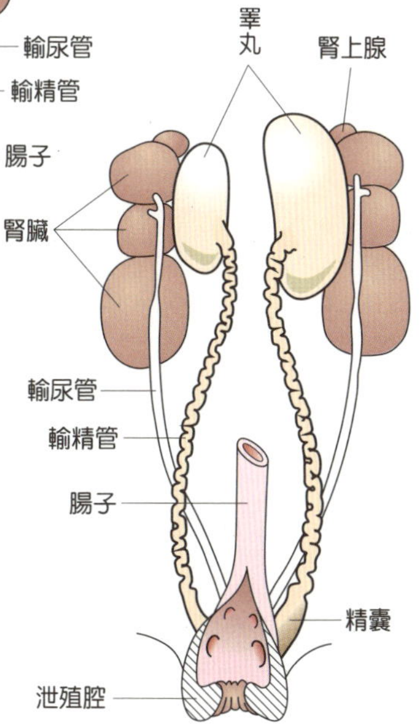

公虎皮鸚鵡的睪丸

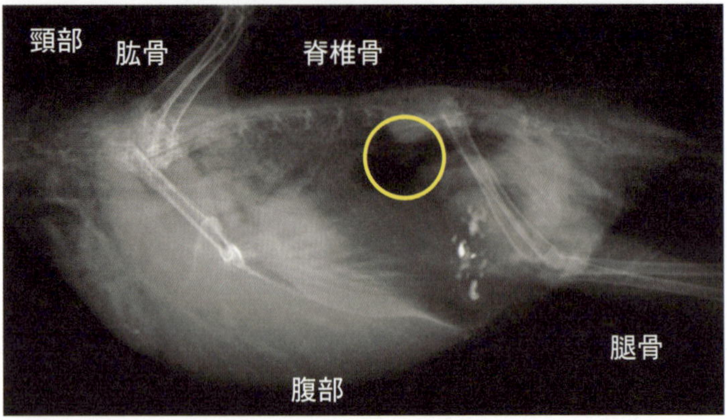

圖中圈起的部分，是公虎皮鸚鵡非發情期時的睪丸。

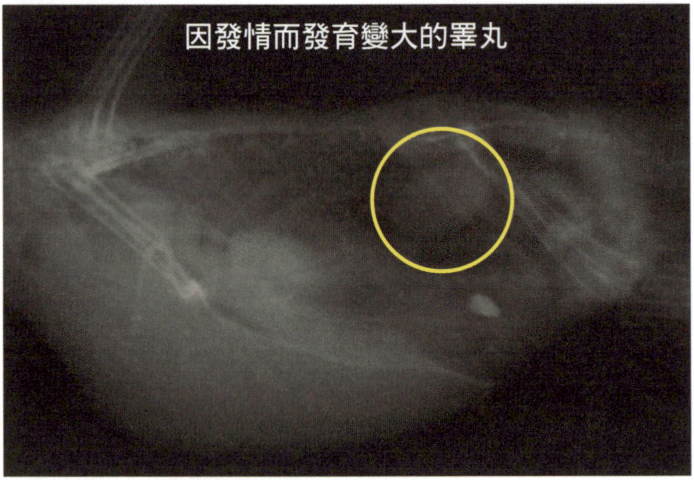

與上圖相比，可以看出黃豆般大小的睪丸變大了，發情會讓睪丸變大到這種程度。相較於其他鳥類，虎皮鸚鵡的睪丸較大。

實際用正在發情的虎皮鸚鵡的X光片來觀察睪丸（請參閱38頁），會發現虎皮鸚鵡的睪丸以體型大小來說略大，約為10～13公釐（毫米）。而玄鳳鸚鵡雖然體型較大，睪丸卻只有8公釐左右。灰鸚鵡體長約有30公分，但就算是發情期，睪丸大小其實也和虎皮鸚鵡差不多。文鳥的睪丸相對於體型也算大，約6～8公釐，但發情結束就會變得很小。

和各種鳥類比較後可以看出，公虎皮鸚鵡的睪丸相對較大。因此，越是健康的公虎皮鸚鵡，越不容易停止發情，只靠調整飼養方式或環境，是很難完全抑制發情的。

順帶一提，公日本鵪鶉發情後，臀部會鼓脹並出現泡沫。這種被稱為「泡沫狀物質」的東西，是泄殖腔腺發育成熟，在內部形成的物質，研究已知有提高受精率的作用。

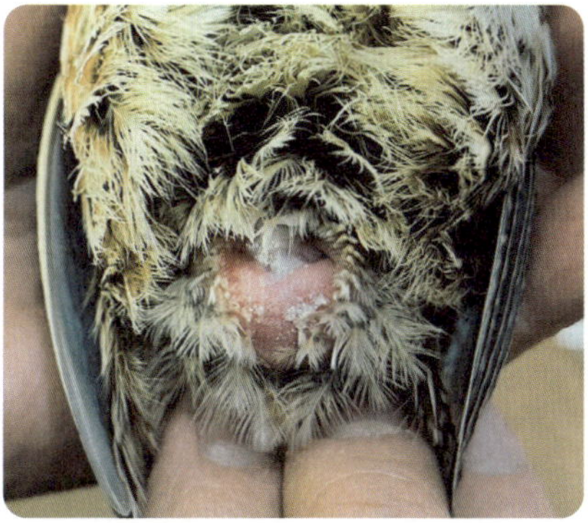
發情的公鵪鶉臀部出現的泡沫狀物質。

3 母鳥的發情行為

受到公鳥求偶的刺激後，母鳥便會進入求偶期，接著再進入下一階段的築巢期（交尾期）。若沒有公鳥，母鳥則可能會受到牠認為是伴侶的人或物品的刺激。

〈接受交配的姿勢〉

母鳥最具代表性的發情行為，就是擺出接受交配的姿勢。牠們會拱起背部、尾羽翹高，並保持靜止不動。若是虎皮鸚鵡，瞳孔可能會收縮。

愛情鳥會張開翅膀，擺出像飛機一樣的姿勢。不過，如同前文所述，公鳥和母鳥都會這樣

桃面愛情鳥接受交配的姿勢。不過，公鳥有時也會這麼做，即使不在發情狀態也可能出現，不太適合作為判斷發情與否的依據。

做，請不要以為「張開翅膀了！這是母鳥接受交配的姿勢！」。公鳥也會那樣，而且即使沒發情也可能那麼做，所以很難單憑這個判斷是否處於發情期。

〈築巢與伏巢行為〉

在築巢期，鳥兒會積極築巢。為了取得材料，牠們會更頻繁啃咬木頭或紙張等物品，尤其是愛情鳥，還會表現出特殊的撕紙行為。牠們會用鳥喙靈活地將紙撕成細長條、插進尾羽，運回巢裡。公鳥雖然也會這麼做，但不像母鳥那麼頻繁。只要有過撕紙和插進尾羽的行為，鳥兒往往就會不斷尋找紙張。不過把紙藏起來，是會對鳥兒造成壓力的。撕紙並非帶有性衝動的行為，請將其視為鳥兒出於自身意願的任務，讓牠們盡情去做也無妨。但是，只能允許撕紙，不能讓牠們築巢。如果鳥開始囤積紙張，請務必撤除。

此外，也會出現伏巢的傾向，也就是窩在巢內不動。這種行為取決於發情的程度與飼養環境。這個時期，母鳥要為準備產卵而儲存體內營養，而公鳥會將食物帶回巢中餵食牠們。而母鳥滿腦子都是「想鑽進某處」的念頭，會想找狹窄的地方、衣服裡或暗處鑽進去。看到躲進某處或蹲伏著的母鳥，如果靠近，牠們可能會為了保護巢穴而發動攻擊。

〈親和行為〉

親和行為，是指親吻或互相理毛的行為。如果鳥兒沒有伴侶，就會對自認為是伴侶的人或物品撒嬌。若對象是人，牠們就會反覆親吻或輕咬耳朵、脖子、嘴邊等部位。雖說是輕咬，有時其實很痛，不少飼主會覺得困擾，但其實這是鳥兒在為你理毛。假如在這種時候揮手驅趕，反而會傷了牠的好意。如果實在太痛，可以在身上披毛巾，向鳥寶傳達「對不起，真的會痛，請忍耐一下」的訊息。此外，有些喜歡被人觸碰的鳥，會

〈桃面愛情鳥的撕紙行為〉

影片

更頻繁地要求躺握（躺手）或撫摸等行為。如果真的無法忍受輕咬的不適，也可以試試其他能讓鳥兒滿足的身體接觸方式。不過，如果被當作伴侶的人，沒有用讓鳥兒滿足的方式互動，鳥兒心中可能累積不滿，開始用咬人來尋求關注，這點務必小心。

而如果伴侶是另一隻鳥，彼此互相理毛的行為會變得更頻繁。

④母鳥在發情期的身體變化

〈體重增加〉

母鳥發情後，體重會增加。因為雌激素的影響，導致食慾增加，身體變得容易儲存營養，所以即使飼料沒有增量，體重仍會增加。因此，只要稍微多給發情的母鳥一些飼料，體重很容易就會上升。此外，生殖器官的發育和髓質骨（請參閱50頁）的形成也會造成體重增加。每天記錄體重的話，「咦，體重突然變多了」，飼主就能藉此從細微的地方察覺發情的徵兆。

〈糞便變大、液態尿增加〉

母鳥發情後，糞便會變大，那是因為開始準備產卵的母鳥必須窩在巢裡築巢，若像過去那樣不時排出小的糞便，就得離開巢穴好幾次。而且，因為要一直孵蛋、餵哺雛鳥，不能頻繁外出，身體會因此產生變化，將糞便儲存在體內，等離開巢穴再一次排出。而發生變化的部位，就是臀內的泄殖腔（cloaca）。如下頁插圖所示，泄殖腔由糞室、尿殖室、肛室三個部分組成。腸道末端會連接到糞室，能夠暫時儲存糞便。當進入發情期時，糞室會明顯擴張，變得能儲存大量糞便。因為鳥類會先儲存再排泄，所以排出的糞便也會變大。

另外，液態尿也會增加。這是因為攝食量增加，使得新陳代謝產生的水分也變多，血液和尿液中的鈣濃度上升，進而提高了滲透壓。

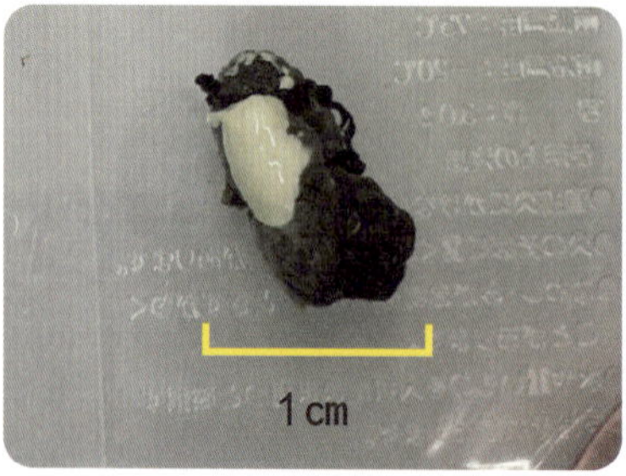

發情母鳥的糞便

〈腹部膨脹〉

此外，鳥類在發情時，腹部會變得柔軟且微微隆起。這是因為腹肌和骨盆開始鬆弛，在體內創造出育卵的空間。實際上，是體內左右兩側的恥骨之間，以及胸骨下方至恥骨之間的區域處於張開的狀態（請參閱46頁）。

〈生殖器官發育與髓質骨形成〉

有別於公鳥，母鳥通常只有左側的生殖器官會發育（請

母鳥的泄殖腔內部

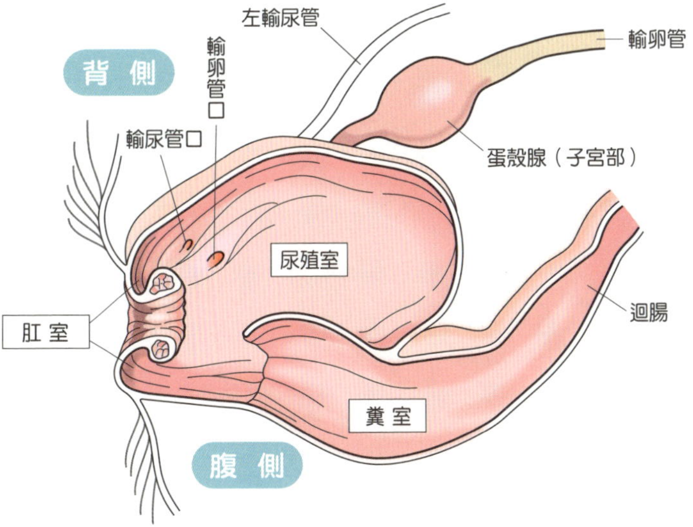

確認母鳥腹部有沒有蛋的方法

母鳥發情後，身體會開始準備育卵。
用手保定鳥兒，確認腹部有沒有蛋。

要確認鳥兒體內有沒有蛋，當蛋長到一定程度的大小，透過觸摸就能知道。如下圖所示，用手保定鳥兒，觸摸胸骨下方與恥骨兩端連成的三角形中央部分做確認。如果有蛋的話，這個部分摸起來會有硬物。若尚未形成卵殼，摸起來會是略有彈性的塊狀物。不過，觸摸也是有訣竅的，太小心翼翼地摸也摸不出來，太用力按壓，又可能會讓蛋破裂。還不習慣如何觸摸的人，請將鳥兒帶到醫院進行檢查。在醫院透過觸診可以知道腹內有沒有蛋，若要區分是蛋或腫瘤，會進行X光檢查與超音波檢查。

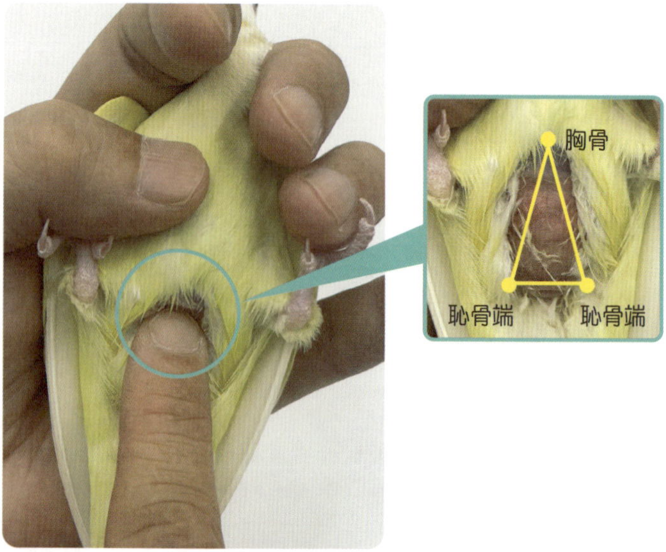

參閱48頁），卵巢和輸卵管也只有左側會發揮作用。母鳥進入發情期後，卵巢會開始長出一顆顆卵泡，卵黃即在卵泡內形成；輸卵管則會變得粗大、加長，並呈摺疊狀持續發育。

母鳥在發情時，會受到雌激素的影響，開始形成髓質骨。髓質骨是形成卵殼時急需的鈣質儲存在骨骼內（骨髓）的現象。鳥類將骨髓當作鈣質的儲藏庫來使用。隨著骨骼內的鈣含量增加，卵巢和輸卵管的大小會擴張至非繁殖期的數百倍，體重也跟著急速上升。

〈血液的變化〉

從科學和醫學的觀點來看，為何必須抑制發情，其中最重要的原因就是血液的變化。鳥類發情時，卵巢會分泌雌激素這種女性荷爾蒙。本書接下來也會不時提及，請務必好好記住。人類女性也同樣擁有雌激素，在青春期時會讓體態變得更有女人味，而更年期時由於雌激素減少，則可能引發身體不適。這種對我們人類而言非常熟悉的荷爾蒙，同樣存在於鳥類體內，並對母鳥的繁殖與

母鳥的卵巢

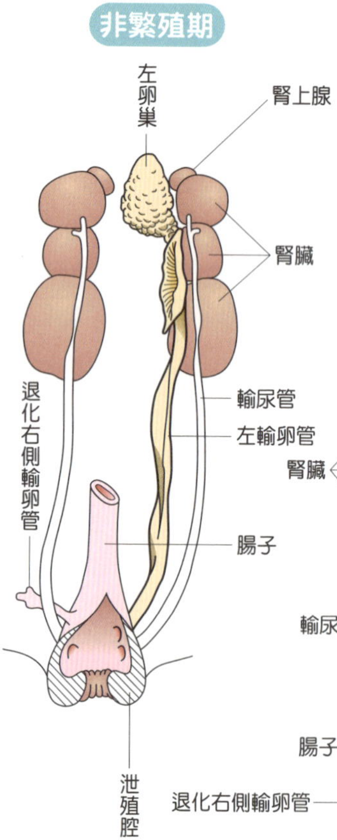
非繁殖期
左卵巢
腎上腺
腎臟
輸尿管
左輸卵管
退化右側輸卵管
腸子
泄殖腔

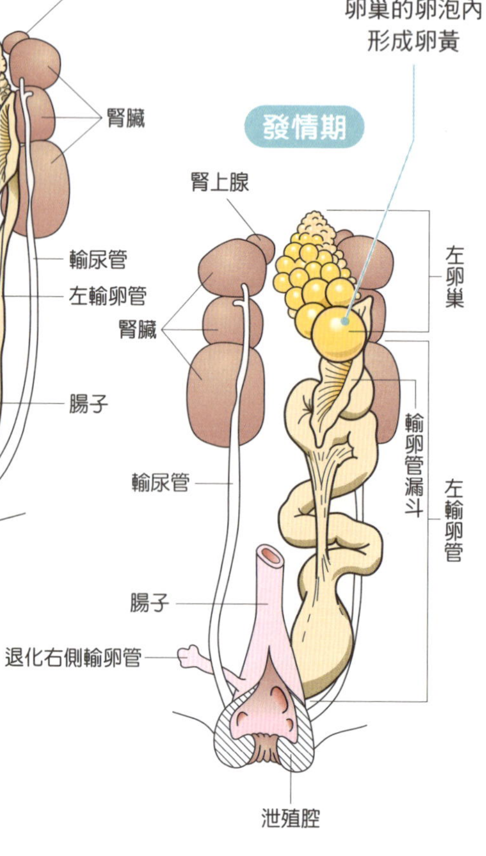
卵巢的卵泡內
形成卵黃
發情期
腎上腺
左卵巢
腎臟
輸卵管漏斗
輸尿管
左輸卵管
腸子
退化右側輸卵管
泄殖腔

成長產生深遠影響，讓人不禁感嘆生命的奧妙。

發情期分泌的雌激素會作用於肝臟，產生卵黃蛋白前驅物質、白蛋白與脂質。乍聽之下很複雜，但簡單來說，就是構成蛋黃和蛋白的原料。接著，雌激素會作用於骨骼，產生前面提到的髓質骨，並將鈣釋放到血液中，導致血鈣濃度上升。因此，在發情期間進行血液檢查，會出現血漿蛋白、三酸甘油酯及鈣濃度上升的結果。只要觀察到這些，就能明確診斷為正處於發情期。

反過來說，即使觀察到發情行為，如果血液檢查並未出現相關指標，就無法判斷為處於發情期。

動物表現出發情行為，卻不是真的發情，為何會出現這種現象呢？其實，腦內也會產生雌激素。正因為有雌激素，母鳥才得以維持和公鳥的親和行為，進行具有溝通意義的交尾行為。因此，即使卵巢停止分泌雌激素，只要腦內仍在產生雌激素，有時仍會出現類似發情的行為。這時就算腹部沒有膨脹，母鳥仍會出現稍微拱起背部的姿勢。如果感覺「這次發情好像和平常不太一樣」，就必須進行血液檢查，否則無法明確判斷是否處於發情期。

母虎皮鸚鵡的X光片

這是健康母虎皮鸚鵡的X光片。肱骨內呈現空洞，腹內也沒有特殊異物。

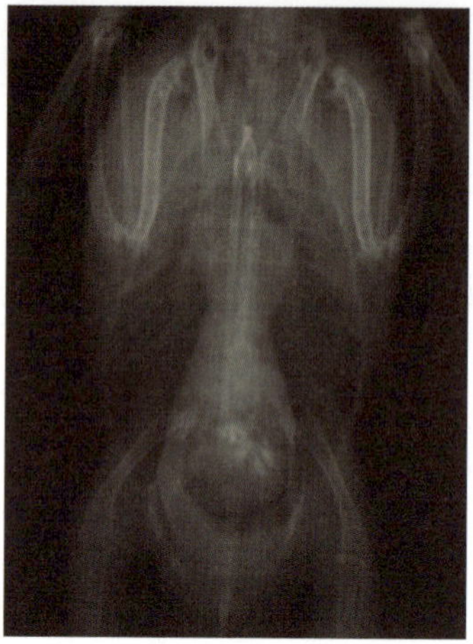

發情的母虎皮鸚鵡的X光片

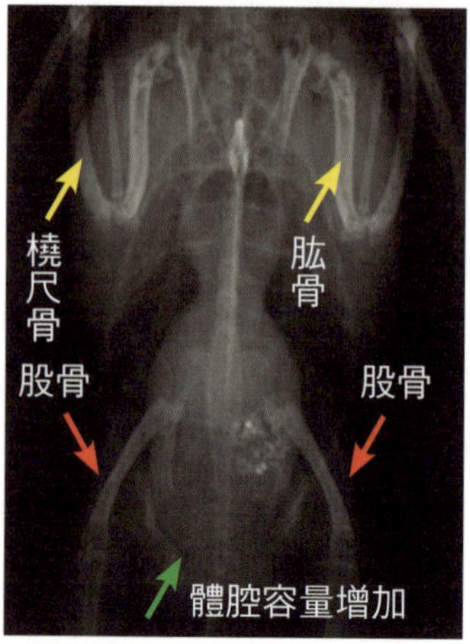

肱骨和橈尺骨、股骨的骨內呈現白色，可見髓質骨已遍布全身。此外，體腔容量也有增加，可知腹內的卵巢和輸卵管變大了。

即便有輕度的發情行為，經檢查未發現發情的病徵，就不會損害鳥兒的身體健康。不過，也只有那個時候能夠進行檢查。假如因為幾個月前醫院沒診斷出發情，因此鬆懈下來的話，有時鳥兒的卵巢會開始活動，進入真正的發情，所以務必留意。此外，只有母鳥會因為發情導致血液性狀產生變化，公鳥即使發情，血液性狀也不會產生變化。

〈母虎皮鸚鵡的外表變化〉

母虎皮鸚鵡的蠟膜顏色會有明顯的變化，因為雌激素會影響蠟膜的顏色。在非繁殖期時，蠟膜是偏藍色；卵巢分泌雌激素後，蠟膜會慢慢從淡橘色變成褐色。若分泌量變多、發情時間長的話，最後就會變成接近深褐色。這個變化從外表看來一目了然，能夠作為判斷是否發情的依據，但個體差異較大，加上老化也有影響，請當作參考就好。不過，如果蠟膜一直保持在藍色的狀態，就算是停止發情了。

此外，雖然有個體差異，但母虎皮鸚鵡發情時，頭部可能會出現橫紋。儘管是成鳥，卻有著雛鳥的橫紋。關於這點，目前未知明確原因，但有一說是母鳥讓自己變得像雛鳥，在孵蛋的時候就容易得到公鳥的照顧。變成類似雛鳥的樣子，可能會引起公鳥的關注。不過，並非所有的母虎皮鸚鵡都是如此，尚未確認野生的母虎皮鸚鵡是否也有這種情況，這還只是我自己的假設。

〈發情時的氣味〉

鳥類發情後，體味也會出

〈母虎皮鸚鵡的蠟膜顏色變化〉

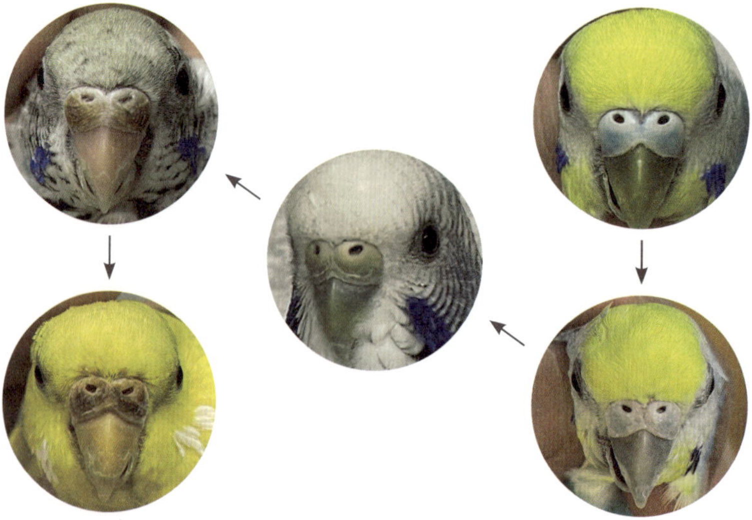

現變化。就我個人觀察，這點在虎皮鸚鵡身上尤其明顯，發情時母鳥會散發出一種特有的氣味。氣味的來源是尾脂腺分泌的醇類，據說氣味會因三種醇類（十八烷醇、十九烷醇、二十烷醇）的混合比例不同而改變。事實上，公鳥分泌的醇類量是母鳥的四倍，但也許是因為混合比例不同，並不會產生像母鳥發情時的氣味。據推測，母虎皮鸚鵡能透過醇類的氣味及混合比例的差異，來分辨對方的雌雄。

順帶一提，雀形目的鳥類（如白腰文鳥、斑胸草雀、黃眉鵐、禿鼻鴉）也已被證實存在性別間的氣味差異。不過，至今經研究證實的鳥種仍相當有限，因此也有一說認為，其實大多數鳥類都能透過氣味來分辨雌雄。

雛鳥的頭部

發情母鳥的頭部

Ⅱ 築巢期（交配期）

如前所述，野鳥是經歷求偶期和築巢期後發情、進行交配，但要看到寵物鳥交配並不容易，只要知道牠們也會這麼做就好。

鸚鵡類進行交配時，公鳥會一邊進行求偶表態，一邊接近母鳥。此時，牠們會單腳搭在母鳥背上，確認對方的反應。如果母鳥還沒準備好，會抗拒這種行為；準備好了的話，就會將背部向後拱起、身體僵直，擺出接受交配的姿勢。接著，公鳥就會騎在母鳥背上，緊抓母鳥背部的羽毛，彎起腰，讓彼此的泄殖孔互相磨擦。這時，公鳥為了不掉下來，會用另一邊的翅膀抱住母鳥。磨擦約十幾秒後射精，結束交配。

而文鳥交配時，公鳥會先用鳥喙磨擦棲木，發出喀噠聲，一邊鳴叫一邊跳躍舞動。母鳥受到這個行為刺激後，也會用鳥喙磨擦棲木發出喀噠聲，跳舞回應。有研究發現，公鳥與母鳥的舞蹈越同步，進行交配的機率也

越高。接著，母鳥會壓低身體並擺動尾部，擺出接受交配的姿勢。公鳥則會飛身跳到母鳥背上，一邊拍動翅膀維持平衡，一邊彎腰對準泄殖孔。公鳥會在一至兩秒內射精，完成交配。

Ⅲ 孵蛋（抱卵）期

❶ 母鳥的孵蛋期

結束發情期、交配完畢後，母鳥會生下一窩蛋＊，進入孵蛋期。寵物鳥即使未進行交配，也會因受到發情刺激而產下無精卵。至於是否會進入孵蛋期，則依個體而異。

進入孵蛋期，母鳥通常會羽毛鼓脹（澎毛），變得很少離開鳥籠。有些母鳥為了保護蛋，會變得有攻擊性，若將手伸入鳥籠，可能會被咬。鳥兒羽毛鼓脹、一動也不動的模樣，看起來很不舒服。即使沒產卵，牠們也可能以為自己

＊一窩蛋：指一次繁殖期間的產卵數量。數量因鳥種而異，一般是4至7顆。

產卵了，一直待在棲木孵蛋。不少飼主見狀會因擔心而來醫院就診，但在這種情況下，請靜靜等待鳥兒結束孵蛋，不必強迫制止。那如何判斷鳥兒有無身體不適呢？可以觀察鳥兒出籠時是否有精神，食慾和排便是否正常，是否會待在棲木或鳥籠中的特定位置膨羽並試圖保溫。

母鳥有時會拔掉胸部至腹部的羽毛，讓蛋更貼近皮膚。胸部至腹部的皮膚會浮腫，血管突出並充血，稱為孵卵斑。這些都是伴隨孵蛋出現的自然行為與變化，在野鳥身上也能觀察到這種現象。

孵蛋期如字面所述，就是孵蛋的時期，但大部分的寵物鳥不會生下一顆蛋就

〈在孵蛋的母鳥〉

馬上孵蛋，通常是生下三顆蛋後才開始孵蛋，這麼做可能是為了不讓雛鳥的大小產生差異。但事實上，雛鳥也會依序孵化，所以在開始孵蛋的時期已存在個體差異。

② 公鳥的孵蛋期

寵物鳥之中，公鳥也會進行孵蛋的是玄鳳鸚鵡和燕雀類。牠們會蹲在母鳥旁邊，等母鳥不在時進行孵蛋，但公鳥不會拔除胸部至腹部的羽毛。

有別於母鳥，公鳥的發情不會馬上停止。牠們會和巢穴外的其他母鳥或是在孵蛋的母鳥進行交配，但母鳥會漸漸拒絕公鳥的交配邀約。為何公鳥的發情不會停止，是因為公鳥是採取多交繁殖策略。母鳥在孵蛋時，公鳥若有機會接觸其他母鳥，就會進行交配、留下更多子孫。當然，鳥類也有一夫一妻制和一夫多妻制的差別，根據環境或個體也會有所差異。不過在野外，鳥巢內的蛋未必都是同一隻公鳥的孩子。

公鳥的發情在進入育雛期後會減緩，因為牠們要忙著外出捕食，並返回巢內哺餵，所以會減少發情。

IV 巢內育雛期

巢內育雛期，指的是在巢穴內養育孵化的雛鳥的時期。雌雄協力，覓食搬回巢穴哺餵雛鳥。以虎皮鸚鵡為例，主要是公鳥捕食帶回巢穴，反芻給母鳥，再由母鳥進行育雛。

若是寵物鳥，即使沒有孵化出雛鳥，也會進入育雛期。不管有沒有產卵，發情期結束後，有些鳥就會馬上進入育雛期，對著自己的腳或棲木反芻吐料，但這種行為不會成為習慣，過了一段時間就會停止。

V 巢外育雛期

巢外育雛期，是指雛鳥離巢後、能夠自行覓食之前的這段時期，也就是

「脫離父母」前的短暫期間。如果是野鳥，有充足的食物就會連續進行繁殖，也就是進入下一個發情期。進入發情期的親鳥，會趕走接近自己的雛鳥。

非繁殖期

結束育雛後，終於進入非繁殖期，野鳥的睪丸和卵巢會停止活動。但如前所述，大部分飼養環境下的公鳥幾乎沒有非繁殖期。尤其虎皮鸚鵡和日本鵪鶉更為明顯，牠們發情程度激烈，屬於睪丸較大的鳥類，在適合繁殖的環境下幾乎不會停止發情。若是野鳥，當雌雄鳥都進入非繁殖期就會開始換羽，掉舊毛長新毛。而人工飼養的公鳥即使還在發情期也仍會換羽，這是常見的現象。

寵物鳥的繁殖期週期

儘管人工飼養的公鳥發情程度有強弱之分，但通常都是一直處於發情期。

只有生病或因老化體力下降時，才會停止發情（有些寵物鳥即使高齡，也不會停止發情）。

而大多數的母鳥，則是發情期與非繁殖期交替發生。若曾經產卵，或因放置假蛋而進行孵蛋，通常會跳過育雛期，直接回到發情期。

鳥類的繁殖階段

人工飼養的母鳥

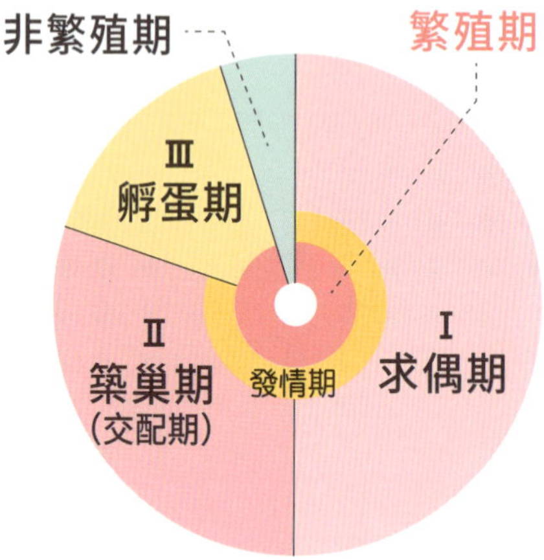

和野鳥相比，少了育雛期。若是公鳥，又少了孵蛋期，只在發情期與非繁殖期之間交替。

Column

飼主的煩惱諮詢問答

我家養了一隻桃面愛情鳥，卻有人在社群網站上說：「明明是愛情鳥卻沒有伴侶，好可憐。」我家鳥寶把我當作伴侶，我也盡力給予牠愛。但對鳥兒來說，一輩子的伴侶都是人類，是否是種不幸，或出於人類的自私？我在猶豫該不該爲了牠，再養一隻同種類的公鳥。

（來自桃面愛情鳥♀的飼主）

這位飼主很體貼，相當認眞考慮鳥寶的人生，遇到如此爲鳥兒著想的人，對鳥兒來說不就是一種幸福嗎？

至於伴侶是人類是否爲「自私」，以人類控制鳥類的生活來看，確實是一種自私的行爲。本來養寵物就是以人類利益爲優先的自私行爲。

基於第1章提到的動物福祉的概念，我們人類有責任爲身邊的動物提供良好的生活品質。從這個觀點來看，抑制發情並成爲鳥兒的伴侶共同生活，有助於維持鳥兒的生活品質。

鳥兒還是雛鳥時，會選擇共同生活的動物爲伴侶。因此，許多被餵養的鳥兒會選擇人類作爲伴侶。桃面愛情鳥是一夫一妻制，若已將人類當作伴侶，就算再養一隻公鳥，未必能相處融洽，合不合得來也是個問題。

鳥卵的二三事 Q&A

SPECIAL COLUMN

了解鳥卵

說到哺乳類動物與鳥類的繁殖，最大的差異就是卵。

沒有交配卻能在體內形成無精卵，是人類難以深入理解的事，也很難判斷鳥類體內何時有了卵。因此，每天測量體重、仔細觀察鳥兒的身體狀況，是很重要的。本書建議採取措施抑制發情，從根本上避免鳥兒體內產生卵。因爲產卵對母鳥來說，是可能致命的行爲，即便體內有了卵，也並非所有鳥兒都能順利產卵。因爲挾蛋症（卡蛋）等情況緊急送醫的例子不在少數。

事先了解關於鳥卵的知識，在緊要關頭就能派上用場。

鳥卵的二三事

Q1 鳥卵是在哪個時間點形成的？

A. 排卵後約一天就能產卵。

如第2章所述，母鳥發情後，腹部會開始準備育卵。至於是在發情後多久形成鳥卵，因爲有個體差異，無法一概而論。但有研究結果顯示，母虎皮鸚鵡接受公鳥的求偶後發情，8至10天會產卵。而鸚形目或雀形目、雞形目的鳥類從排卵至產卵，據說需要24至27小時。儘管有個體差異，若發現母鳥有發情行爲，就請每天檢查一次，確認鳥兒腹部有無鳥卵。

鳥卵的二三事

Q2 鳥卵是如何在體內形成的？

A. 卵黃通過輸卵管，形成鳥卵。

發情後卵泡發育成熟，在其中形成卵黃（卵子）。當卵黃長成足夠的大小後，卵泡會破裂，將卵黃送往輸卵管漏斗。如果輸卵管漏斗有精子，就會受精成爲有精卵，沒有精子就會變成無精卵。卵黃會在輸卵管壺腹部被卵白包覆，在輸卵管峽部則被卵殼膜包覆。以虎皮鸚鵡爲例，輸卵管的長度約15公分，卵子在抵達子宮部形成硬殼完全成形，如前所述約需24至27小時。從排卵到產卵，約一天的時間就能完成，是相當快速的生產系統（請參閱66頁）。

鳥卵的二三事

Q3 不交配也會形成鳥卵嗎？

A. 會。

母鳥排卵不需要經過交配，母雞也是不用交配就能產下無精卵，所以我們才能每天都買到蛋。

大腦對卵巢釋出「黃體成長激素」這個荷爾蒙，就像下達「快排卵」的指令，於是身體開始排卵。因此，母鳥並非受到交配的刺激，而是接收到認定的交配對象（不只是公鳥，亦包含人或物品）的求偶行爲而開始發情，然後排卵形成無精卵。

母鳥體內育卵至產卵的過程

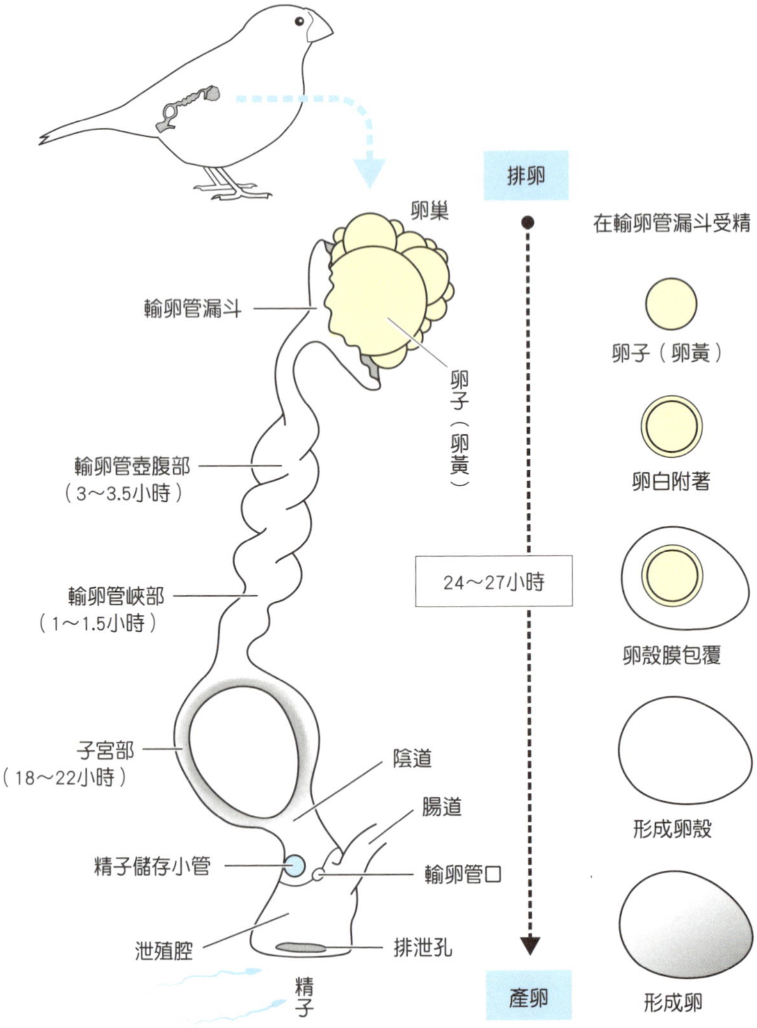

鳥卵的二三事 Q4

爲什麼有發情行爲，卻沒有形成鳥卵？

A. 通常是因爲沒有排卵。

沒有形成鳥卵的理由，可能是雖然發情了，卵泡卻不成熟，或是成熟的卵泡因爲某些原因沒有排卵。也許有些人會認爲「沒產卵反而比較好」，但光是發情行爲，就會對鳥兒的身體造成負擔。這只是剛好沒有排卵，還是有必要抑制發情。

有時母鳥會在體內卵泡未充分發育的狀態下停止發情，或缺乏刺激排卵的黃體成長激素而無法排卵。也有些鳥兒因爲體質無法讓卵泡發育，或患有排卵障礙。

有些飼主會擔心，沒有排卵的成熟卵泡留在鳥兒體內會變得如何，但那些卵泡在發情結束後就會慢慢被身體吸收。如果能在排卵前抑制發情，就能大幅減輕母鳥身體的負擔。

鳥卵的二三事 Q5

發現鳥兒腹內有卵的話，該怎麼辦？

A. 先整頓環境，協助促進產卵。

知道鳥兒腹內有卵的話，請盡快準備適合產卵的環境。假如發生卡蛋（挾蛋症），致死的危險性非常高。尤其是初次產卵或高齡的鳥兒，很容易難產或卡蛋，必須注意。

確定腹內有卵後，**要先確認溫度是否適當**。氣溫低的話，務必爲鳥兒保暖。在季節變換的時節，氣溫偶爾會突然下降，請使用電暖器爲鳥兒保暖。天氣冷的時候，鳥兒的交感神經會變得活絡，身體呈現緊繃狀態，更容易卡蛋。氣溫高的時候，別讓鳥兒覺得熱，要開冷氣調整溫度。鳥兒如果覺得熱，會出現喘氣（張口呼吸）的行爲，試圖降低體溫。這種狀態持續下去，會變成過度換氣症候群，過度排出體內的二氧化碳，因而無法製造作爲卵殼成分的碳酸鈣，形成薄薄的卵殼，最終無法順利產卵，導致卡蛋。

母鳥通常是在巢內產卵，請保持一如往常的環境，讓鳥兒能夠在心情穩定的狀態下放鬆產卵。不習慣產卵的寵物鳥，有時會把卵產在鳥籠底部，但產卵的場所是鳥兒自行決定的，請不要干涉。

若鳥兒在平常放風的時間不願意離開鳥籠，不必強迫牠離開。如果總是蹲著或翅膀無法使力，不要勉強保定或用手壓住鳥兒，這時候可能是罹患了低血鈣症或軟骨病，恐有虛脫（全身無力）或骨折的危險，請盡速就醫。

鳥卵的二三事

Q6 鳥兒腹內有卵的時候，體重增加的基準是多少？

A. 體重一天增加了5～10%，就必須留意了。

如果沒有進行飲食控制或沒有控制得當，發情期間體重就會增加，而一旦腹內有卵，體重一天會突然增加5～10%。

鳥卵的二三事

Q7 看到鳥兒蹲著的話，該怎麼辦才好？

A. 確認腹內有沒有卵。

首先，要確認鳥兒腹內有沒有卵。如果飼主無法判斷，或鳥兒幾乎沒有進食卻一直蹲著，就可能是卡蛋，請盡速就醫。如果確實有卵，請在幫助鳥兒順利產卵後，進行飲食控制；而如果沒有卵，請立刻開始進行飲食控制，避免鳥兒再次形成卵。

鳥卵的二三事

Q8 腹內有卵的時候，飲食上要注意哪些事？

A. 進行飲食控制，同時準備營養豐富的食物。

進食是母鳥培養體力的重要大事，要讓牠們補充蛋白質與鈣、維生素D（皆爲卵的成分），同時持續進行避免發胖的飲食控制。

【補充鈣質】

○在鳥籠內放墨魚骨，如果鳥兒不啃墨魚骨，就磨成粉狀或弄碎混入飼料。

○將牡蠣殼粉磨碎放入另一個飼料盒，如果鳥兒不吃，就混入平時的飼料盒。

【補充維生素D】

○只吃種子飼料的鳥兒才需要補充，如果是吃滋養丸（乾飼料或顆粒飼料），就不必再補充，否則會導致營養過剩。推薦可以使用「NEKTON-S日常綜合維他命」（上圖）或「PREDEAR Vitabird」（下圖）。

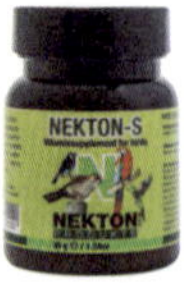

【推薦適合產卵前吃的滋養丸】

○柔迪布殊（Roudy bush）的Breeder（上圖）

○哈里森（Harrison's）的High Potency（下圖）

兩者的蛋白質含量都很高。

鳥卵的二三事

Q9 鳥兒一次產卵的數量有固定嗎？

A. 依鳥的種類而異。

鳥兒一次繁殖（一窩蛋／一腹）的產卵數量依種類而異。

鸚鵡類的產卵頻率是每隔一天，燕雀類、日本鵪鶉和雞則是每天，但寵物鳥產卵的間隔時間有時會有差異，此處的數據僅供參考。

鳥類一次產卵的數量限制，與其產卵的型態有密切關係，因爲產卵型態會根據每次發情時發育成熟的卵泡數量改變。文鳥等梅花雀科（Estrildidae）的鳥類多爲定數產卵鳥，日本鵪鶉或雞等雞形目（Galliformes）的鳥類則是不定數產卵鳥。遺憾的是，關於許多鸚鵡類的鳥種，目前仍有許多資訊尚未釐清。

定數產卵鳥由於每次發情而發育成熟的卵泡數量固定，只會產下固定數量的卵，就算拿走鳥卵，母鳥也不會多生，生到一定的數量就會停止發情。

而不定數產卵鳥因發情而發育成熟的卵泡數量不固定，所以在到達一次繁殖的產卵數量（一窩蛋）之前，母鳥會持續產卵。據悉，母鳥孵蛋時會以胸部至腹部接觸鳥卵的感覺，來判斷是否已經生到足夠的數量。

因此，若馬上拿走不定數產卵鳥的卵，母鳥會以爲「還沒生到足夠的數量」而繼續產卵。倘若利用這個習性，發現牠們在產卵時立刻給予假蛋，牠們就會誤以爲「已經生夠了」而停止產卵。雖然無法斷言確實如此，但對不定數產卵鳥來說，給予假蛋的確有效。反之，若是在定數產卵鳥孵蛋時給予假蛋，阻止產卵的效果並不高。

鳥卵的二三事

Q10 給鳥兒假蛋有效嗎？

A. 依鳥種而異。

假蛋有兩種作用。第一是誘發母鳥孵蛋，促使牠們從發情期進入孵蛋期，停止發情。基本上，母鳥在孵蛋期間是不會發情的。如前文所述，假蛋對定數產卵鳥沒什麼效果，但對不定數產卵鳥確實有效。

第二種作用是，鳥兒看到假蛋會抑制發

情。公鳥和母鳥看到鳥卵後，腦下垂體會分泌催乳素（prolactin，又稱促乳素）。催乳素在人類體內作用於乳腺，功能是調節乳汁的分泌等。而對於鳥類，則被認爲有抑制性激素的效果，可望達到抑制發情的作用。

假如想利用讓鳥兒看到假蛋的方式來抑制發情，建議在鳥籠內設置一個可以孵蛋的場所，擺放一窩（請參閱左表）假蛋。要讓母鳥孵蛋的話，建議放在方便孵蛋的盤狀容器中。

鳥卵的二三事

Q11 要讓鳥兒孵蛋到何時？

A. 到牠滿足爲止。

有些鳥兒產卵後不會孵蛋，也有些鳥兒即使產下無精卵，仍會細心呵護。拿走蛋的最佳時機，是在鳥停止孵蛋之後。不過要注意，鳥有過孵蛋（包含孵假蛋）的經驗，孵蛋後會變得更容易再度發情。因此，建議在其他抑制發情的方法沒有效果時，再考慮利用孵假蛋來抑制發情。

不同鳥種的鳥卵二三事

鳥種	一窩蛋	產卵型態	孵假蛋的抑制產卵效果
虎皮鸚鵡	4～7顆	不定數產卵鳥（有論文判定為定數產卵鳥）	○
愛情鳥	3～8顆	定數產卵鳥	×
玄鳳鸚鵡	4～7顆	不定數產卵鳥	○
伯克氏鸚鵡	3～6顆	不明	不明
橫斑鸚鵡	2～4顆	不明	不明
太平洋鸚鵡	4～6顆	不明	不明
綠頰小太陽	4～6顆	不明	不明
太陽鸚鵡	3～4顆	不明	不明
凱克鸚鵡	2～4顆	不明	不明
灰鸚鵡	3～5顆	不明	不明
文鳥	4～7顆	可能是定數產卵鳥	×
斑胸草雀	4～6顆	可能是定數產卵鳥	×
金絲雀	3～5顆	定數產卵鳥	×
日本鵪鶉	不明	不定數產卵鳥	○
雞	不明	不定數產卵鳥	○
家鴨	不明	不定數產卵鳥	○
鴿子	2顆	定數產卵鳥	×

鳥卵的二三事

Q12 鳥兒產卵後出血了

A. 如果看起來有精神，就沒問題。

有時是產卵時，輸卵管口破裂而出血，如果鳥兒看起來精神狀況良好，只是鳥卵有沾到血，那麼觀察情況即可。但若排泄物持續混摻血液，就要去醫院接受檢查。

鳥卵的二三事

Q13 鳥兒產卵後，屁股出現紅色物體

A. 請盡速就醫！

當鳥兒的屁股有紅色突出物時，請盡速就醫。這可能是產卵時，輸卵管口沒有完全張開，導致泄殖腔翻轉，以包住鳥卵的狀態脫出。此外，也可能是產卵後，輸卵管口沒有收縮，造成輸卵管翻轉脫出。這種情況，稱爲泄殖腔脫垂或輸卵管脫垂。

遇到這種情況，爲避免黏膜乾燥，請塗抹凡士林或皮膚藥膏，並盡速就醫。切勿塗抹含有薄荷醇的涼感藥膏。

鳥卵的二三事

Q14 鳥兒吃掉產下的卵啦！

A. 這麼做沒關係。

看到鳥兒吃掉產下的卵，不要干涉，隨牠們去。野鳥也會這麼做。

鳥卵的二三事

Q15 鳥蛋的形狀很奇怪

A. 可能是過度產卵，或老化、缺鈣而造成的。

鳥卵雖然有些微差異，但基本上都有固定的形狀或大小。太大或變形、卵殼太薄的軟殼蛋（無殼蛋），可能是過度產卵或缺鈣、老化導致的輸卵管功能障礙等。

此外，有時會出現未經排卵、只有卵白的鳥卵，通常體積較小。這可能是慢性發情或輸卵管內的分泌物過多所致。

軟殼蛋的主要原因，是過度產卵或缺鈣、輸卵管功能障礙等。因爲缺鈣導致低鈣狀態會讓肌肉無法正常收縮，所以不能好好出力。另外，產卵時，卵殼表面會有黏液附著，具有潤滑效果，但軟殼蛋沒有卵殼，表面粗糙、不易滑動，因此容易卡蛋。確定鳥兒腹內有卵的話，請確實爲牠補充鈣質。

鳥卵的二三事

Q16 如何照護產卵後的鳥兒？

A. 觀察鳥兒的身體狀況，再決定怎麼做。

若是健康的鳥兒，身體狀況通常約一小時就會復原，假如過了一小時還是沒精神，就需要就醫。產卵後仍像平時一樣有精神的話，建議立刻進行飲食控制，預防再次產卵。

第3章

抑制鳥兒發情的生活方式

爲鳥兒感受著想的理想對策

進行抑制發情時，要將鳥兒的生活品質視為最優先的事。唯有重視生活品質，才能為鳥兒帶來最大的幸福，所以必須經常思考，抑制發情是否會影響鳥兒的生活品質。

那麼，什麼是忽視生活品質的對策呢？那就是「不看、不接觸、不溝通」。此外，過去常被用於抑制發情的對策，也都是會造成鳥兒壓力的行為，像是頻繁移動鳥籠、把鳥兒放在牠討厭的鳥兒旁邊等等，這麼做確實會讓鳥兒感受到「這是不易繁殖的環境」，達到抑制發情的效果。科學上也已證實，因壓力分泌的皮質醇有抑制發情的效果。不過，即使能夠抑制發情，充滿壓力的生活對鳥兒來說並不幸福。

如第1章所述，抑制發情並沒有結束的那一天。只要鳥兒健康活著，就必須持續抑制發情，所以採取能夠減輕飼主心理負擔的方式會更理想。一定有人會訝異：「難道一輩子都要抑制發情嗎!?」不過，唯有「鳥兒就是應該以這樣

的方式飼養的生物」這樣的觀念普及，鳥兒的生活品質才能真正提升。

重新檢視價值觀

對於鳥兒，飼主應該秉持怎樣的價值觀呢？大致上分為兩種：重視鳥兒的「心理」與重視「身體」。重視心理，是指想讓鳥兒做喜歡的事，不想勉強鳥兒刻意忍耐。而重視身體，則是指為了讓鳥兒健康生活，基於健康考量，不得不稍微勉強鳥兒忍耐。

舉個具體的例子，抑制發情的環節之一是飲食控制。重視鳥兒心理的飼主聽到要進行飲食控制，通常會說：「不能吃飽太可憐了」、「雖然對身體不太好，還是想讓牠多吃一些喜歡的點心」。而重視身體的飼主，通常會認為「吃太多就像人類一樣會變胖，明明想讓牠健康長壽，反而變得短命」、「讓鳥兒吃有害身體的東西，將來生病的話，對鳥兒來說是不幸的事」。像這樣，飼主的價值觀因人而異，在社群網站上也會引起爭議，隨著價值觀的變動，會出現意見偏頗的現象。

對飼主來說，鳥兒是要好好保護的家人。可是，鳥兒很快就會長大，牠們原本就是獨立的個體，也是格外重視同伴的動物。我們有義務去了解鳥兒的生態與本能，給予關愛且適當地養育牠們。

站在指導抑制發情的立場，鳥兒對獸醫又是怎樣的存在呢？答案也許聽起來有些冷漠，就是「診療對象」。面對鳥這種生物，遇到個性或症狀不一的鳥兒時，「該怎麼抑制這隻鳥的發情」是獸醫最優先考量的事。因此，在思考抑制鳥兒發情的對策時，有些獸醫會著重在醫學上的觀點，因而提出前述那些「不看、不接觸、不溝通」、「不刺

激」、「讓鳥兒早點睡，減少與其互動」的提議。這是沒有考慮鳥兒和飼主的感受，把抑制發情當作唯一目標的做法，我個人並不推薦。我認為的理想對策，是能顧及鳥兒和飼主的感受，並在必要時納入醫療手段，在兩者間取得平衡的方法。目前抑制發情的指導內容依醫院或獸醫的價值觀而異，而飼主能做的事，是思考信賴的獸醫的指導內容會不會降低鳥兒的生活品質，在執行過程中若有覺得奇怪的地方，要謹慎評估是否按照指導進行。如果覺得獸醫的指導方法不適合，也可以選擇徵詢第二意見（second opinion）。

抑制發情的步驟

首先，可以透過下一頁的流程圖確認大致的流程。母鳥是以抑制發情為目標，公鳥則是緩解發情。

為了抑制發情，飼主能做的第一件事，就是改善飼養方法與相處方式。整頓環境是飼主的任務，請重新檢視飲食管理或溫度管理等基本事項。再次提醒各位，不要只看記錄的數字，要經常確認鳥兒的生活品質，請將此事銘記於心。

引起發情的九大要因

性成熟鳥兒的發情有幾項關鍵因素，那些因素錯綜關聯，觸發鳥兒開啟自我複製本能，因而開始發情。具體來說，具備充足的食物、舒適的溫度、

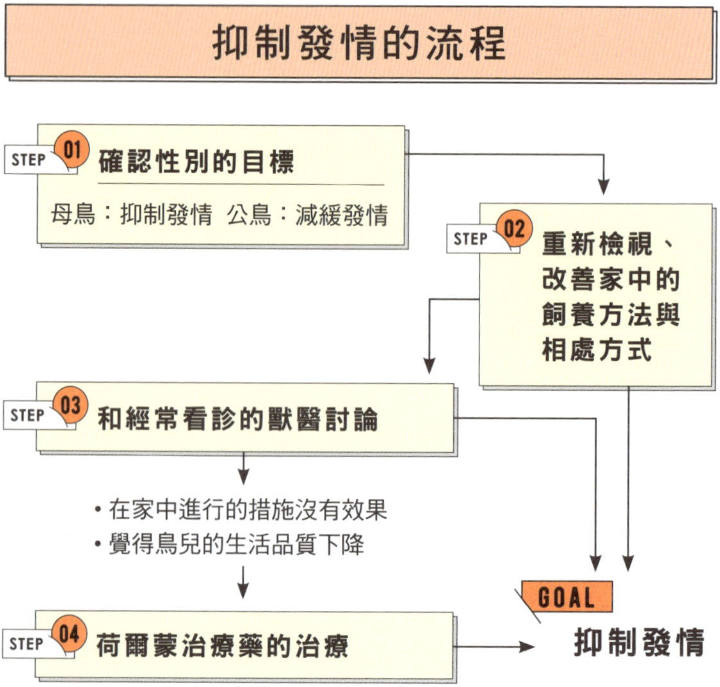
抑制發情的流程
STEP 01 確認性別的目標
母鳥：抑制發情　公鳥：減緩發情
STEP 02 重新檢視、改善家中的飼養方法與相處方式
STEP 03 和經常看診的獸醫討論
・在家中進行的措施沒有效果
・覺得鳥兒的生活品質下降
STEP 04 荷爾蒙治療藥的治療
GOAL
抑制發情

適合繁殖的日照時間長度、巢穴與巢材、伴侶等各種條件，就可能引起發情。此外，也和濕度高、看見綠色植物、壓力少、無聊等因素有關。總之，鳥兒的發情是多重因素引起的，本章將針對這九大要因進行詳細說明。

I 充足的食物

在野外，繁殖期與非繁殖期的關鍵差異，就是

引起發情的九大要因

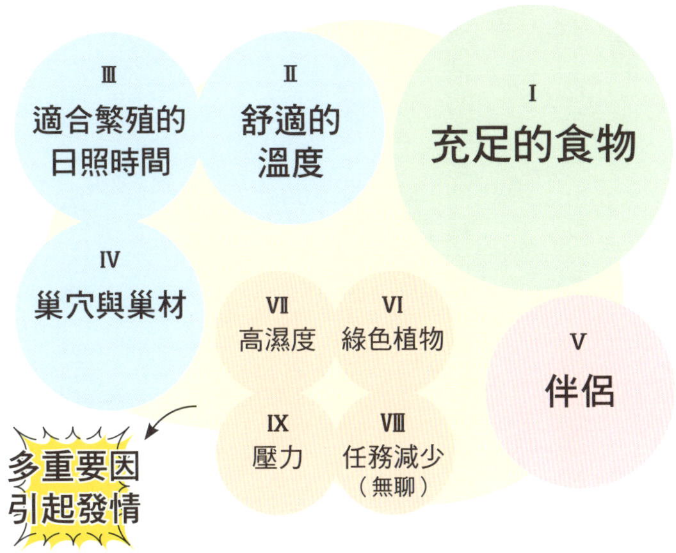

鳥兒生活的環境有無充足的食物。食物不足時，必須到處覓食，運動量增加，無法確保育雛的食物量和時間，所以鳥兒不會進入繁殖期。為了抑制發情，讓寵物鳥在非繁殖期也處於相同的狀況，是理想的做法。因此，要抑制發情必須進行飲食控制、增加運動，並拉長進食間隔的時間。

❶ 飲食控制

直到不久前，人們還認為寵物鳥如果沒有充足的食物，很快就會死亡，然而近來的研究發現，「隨時有食物可吃」的狀態，反而會促使鳥兒發情。聽到要進行飲食控制，或許會覺得鳥兒很可憐，但其實除了鳥兒之外，大部分寵物都是在固定的時間吃定量的飼料。抑制發情的飲食控制，其實就是「從今以後採取和其他寵物相同的方式來飼養鳥兒」。進行飲食控制時，每次給予固定的餵食量，吃完之後飼料就沒了。這個「飼料沒了」正是重點，讓鳥兒看見沒有飼料的狀態，牠們就會關閉自我複製的本能。

那麼，多少餵食量會讓鳥兒發情呢？如下表所示，一隻處於繁殖期的虎皮鸚鳿，一日所需熱量約是非繁殖期的五倍，進入發情期需要攝取大量的食物。

進行飲食控制

接下來，會說明進行飲食控制的具體方法。

既然要進行飲食控制，即使飼養了多隻寵物鳥，也必須把每隻鳥分開，放進不同的鳥籠。每隻鳥所需的熱量有個體差異，也會因為年齡或季節、有無換羽而改變，請不要以粗略的基準進行飲食限制，務必遵循以下步驟。

步驟1：確認進食量

將飼料放入飼料盒測量重量，一天過後再測量飼料盒的重量，記錄減少了幾克。

一隻虎皮鸚鵡的一日所需熱量

	大卡（kcal）	以熱量換算的黍米克數（g）
非繁殖期	11.5～30.6kcal	3.1～8.4g
繁殖期	57.7～60.3kcal	15.8～16.5g

※繁殖期的所需熱量，是用「一對鸚鵡的所需熱量除以2」得到的數值。

若是帶殼飼料，請剝殼後再測量。不要只以一天做判斷，務必以三天的記錄計算平均值。如果有吃種子飼料與滋養丸的話，進食量請分開測量。這時候，蔬菜或鈣質補充品（墨魚骨或牡蠣殼粉等）等不必測量。

步驟2：早上測量體重

吃早餐前先測量體重，若在傍晚至夜間測量，體重會有很大的變化。測量體重基本上是使用能夠以0.1～1g單位測量的電子秤。

步驟3：決定餵食量

根據步驟1的進食量和步驟2的體重，決定適合鳥兒的餵食量，請參考下一頁的表格，確認鳥兒的體重是否過重，目前的餵食量有沒有低於最低攝取量。體重偏重的話，要減少目前的餵食

飲食控制的方法

- STEP 01 確認進食量
- STEP 02 早上測量體重
- STEP 03 決定餵食量
- STEP 04 決定目標體重，調整餵食量

不同鳥種的正常體重與一日最低餵食量

鳥種	標準體重	一日餵食量 （最低攝取量）
虎皮鸚鵡	30～45g 大頭虎皮鸚鵡：45～60g	3g 大頭虎皮鸚鵡：4g
情侶鸚鵡 （愛情鳥）	桃面愛情鳥：50～55g 牡丹鸚鵡：45～50g	4～4.5g
文鳥	23～28g	2～4.2g
玄鳳鸚鵡	85～100g	5～7g
綠頰小太陽	65～75g	6g
斑胸草雀	10～15g	2.3g
横斑鸚鵡	45～55g	4g
太平洋鸚鵡	28～32g	3g
凱克鸚鵡	115～135g	8.5

書末附錄還有其他鳥類的資料，表中的標準體重是一般平均值，家中鳥兒體型較小或較大的話可能不適用。除了知道設定的目標體重是否適合家中鳥兒，也要確認體態評分（BCS）。

量，以0.5～1g的比例少量減少。飼料不要一次全給，請分成二至三次給。如果體重在標準範圍內，只要將現在的餵食量分成二至三次給，就能預防鳥兒一次吃完，達成簡單的飲食控制。若是能分成三次以上，可以再多分幾次。除了體重之外，也要確認體態評分（BCS，Body Condition Score）。

體態評分是評估鳥兒健康狀態的最佳指標。因為鳥兒的身體平時被蓬鬆的羽毛覆蓋，知道牠們身上有多少肌肉，是確保維持健康的重點。

鳥兒胸部中央有一塊支撐雙翼展開的胸骨，稱為龍骨突。體態評分是評估龍骨突左右兩側有多少肌肉的指標，又稱胸骨指標（keel score）。

步驟4：決定目標體重，調整餵食量

如果鳥兒體重偏重，持續進行步驟3超過三天仍未減輕的話，就再試著減少餵食量，這時候也是以一次0.5～1g的份量逐步減少。反之，若小型鳥一天減重1g以上，表示餵食量過度減少，應該少量增加，保持三天減少1g的程度，才不會影響身體狀況。

若能維持體重，表示目前的餵食量很適當，但如果一直沒量體重，持續給予相同的餵食量，有時體重可能會增加或過度減少，請不要掉以輕心，務必每天測量體重，調整餵食量。

再次提醒各位，不光是體重，也要確實檢查ＢＣＳ，這對維持鳥兒的健康是不可或缺的事。ＢＣＳ３是理想狀態，ＢＣＳ２以下是過度飲控，ＢＣＳ４以上則必須稍微減輕體重。

了解鳥兒的體態評分（BCS）

BCS 2

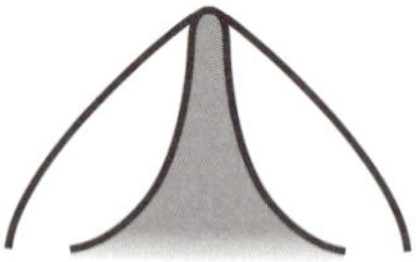

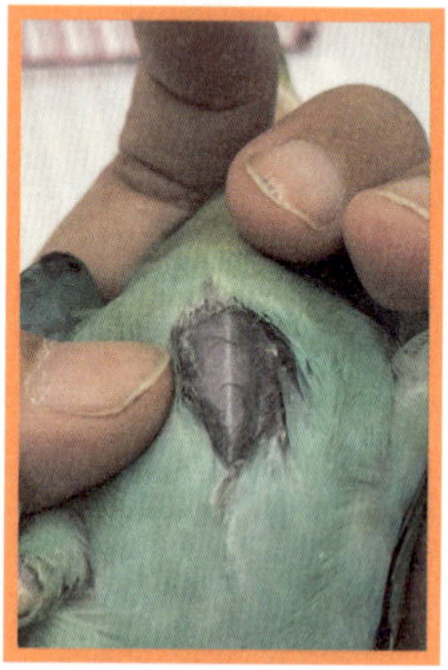

消瘦

BCS 1

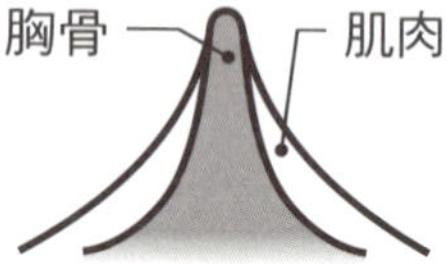

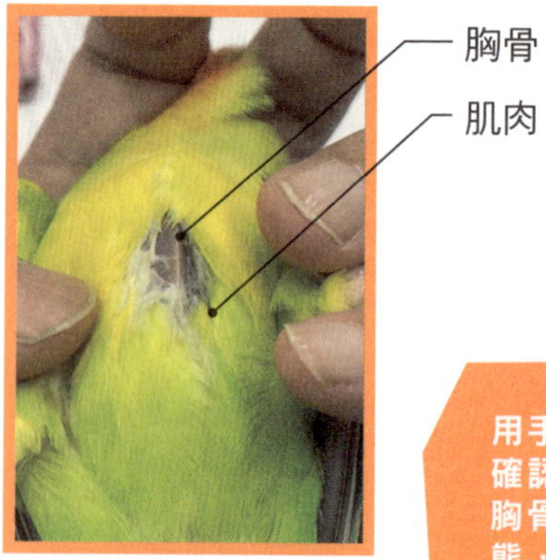

過度消瘦、危險
（刀胸）

用手指觸摸，確認胸肌量與胸骨的突出狀態，判斷鳥兒的BCS。

BCS的判斷方法

用手保定鳥兒，以手指撥開羽毛，檢視露出的胸骨狀態與肌肉量。雖然每天測量體重有助於維持健康，但定期觀察鳥兒身體的肌肉量也很重要。如果保定鳥兒有困難，請至醫院進行檢查。

BCS 5 | BCS 4 | BCS 3

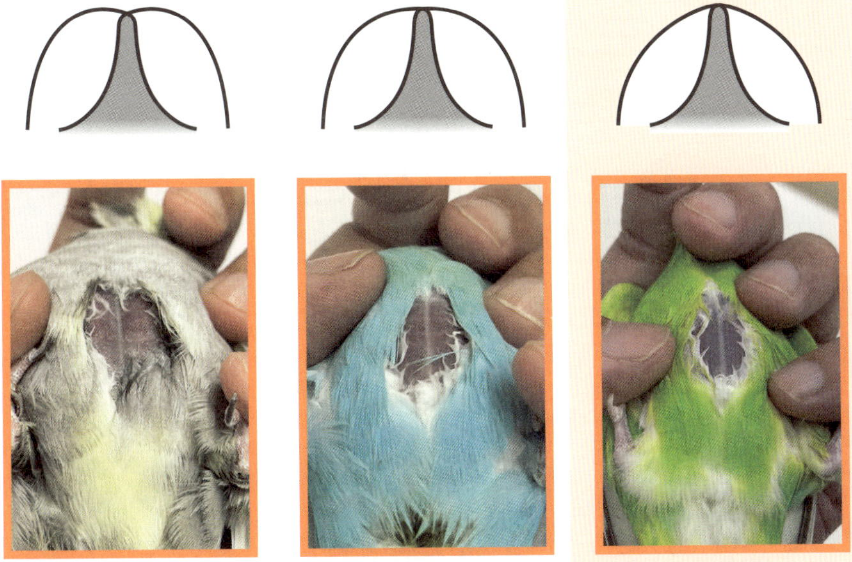

肥胖 | 輕度肥胖 | 健康（最佳體重）

鳥友們的飲食控制範例

接下來以漫畫的方式，為各位介紹幾則實際的飲控範例。

【CASE STUDY 1】文鳥（♀）①

STEP 1 確認進食量
一日的平均進食量是 6g
1day 5.5g
2day 6.5g
3day 6g
只吃種子飼料！
STEP 2 早上測量體重
哎呀，這孩子有點胖欸。
30g
STEP 3 決定餵食量
早 2g
午 1g
晚 2g
共5g
STEP 4 決定目標體重
30g
25g
20g
以25g為目標，好好加油吧！

【CASE STUDY 1】文鳥（♀）②

開始進行飲食控制過了一週後，
29g
來試試看一天減少到4g吧！
早 1g
午 1g
晚 2g
?
量好像變少了？
又過了三天，鳥寶的體重變成24g
24g
不小心一下子減太多了，把飼料稍微增加至一天4.5g
一個月後
25g
活蹦
亂跳
最後以一天4.5g～5g的餵食量，讓鳥寶的體重維持在25g囉！

海老澤醫師的小叮嚀

有時鳥兒會因為飲食控制，體重驟減太多，為了盡早察覺異狀，務必每天測量體重。

【CASE STUDY 2】虎皮鸚鵡（♀）①

STEP 1　確認進食量
一日的平均進食量是7g
（種子（平均）4g
滋養丸（平均）3g）
我愛吃滋養丸也愛吃種子飼料
STEP 2　早上測量體重
喔喔，這孩子太胖了。
不要看啦!!
48g
STEP 3　決定餵食量
滋養丸維持原量，種子飼料改成早午晚各1g，減量為合計3g。
種子3g
滋養丸3g
共6g
好的 好的
STEP 4　決定目標體重
以38g為目標
好好加油吧！

【CASE STUDY 2】虎皮鸚鵡（♀）②

兩週後
降為44g了！
48g
44g
鳥寶你好棒喔！
不過，後來卻進入停滯期。於是把種子飼料再減少1g試試看。
種子 滋養丸
早 1g 1g
午 0.5g 1g
晚 0.5g 1g
計5g!
種子
又過了兩週後，體重降至40g。
耶！
40g!
太好了～！
既然已經習慣少吃種子飼料了，那就再試著減量為一天1.5g、總共4.5g，來達成目標體重吧！
還是要讓我吃些種子喔♫

海老澤醫師的小叮嚀

持續進行飲食控制，難免會遇到體重降不下來的停滯期。這時候，就重新檢視種子飼料的餵食量，試著讓鳥兒運動提高代謝。

從種子飼料換成滋養丸的方法

如果家中鳥兒的主食只吃種子飼料的話，請試著讓牠吃滋養丸。營養價值高的滋養丸被稱為綜合營養食，要為鳥兒打造健康的身體，這是不可或缺的食物。有些滋養丸被當作生病時的療養食品，但鳥兒健康的時候就能食用，請放心餵食。只吃種子飼料的鳥兒可能會很難改吃滋養丸，但從營養方面考量，將滋養丸當作主食，種子飼料則當作點心或增添進食樂趣的補充品，是比較理想的做法。

STEP 01 減少種子飼料的餵食量

1. 確認一天的進食量時，也確認鳥兒吃了多少種子。
2. 將一天的餵食量分成二至三次，測量鳥兒的體重，給予適當的份量。

STEP 02 嘗試滋養丸

- 將滋養丸放入平時的飼料盒，讓鳥兒試吃看看。
- 趁著放風時間，飼主假裝在吃，然後邊說「這個很好吃喔」邊餵給鳥兒吃。
- 將滋養丸用研磨機磨成粉，撒在種子或鳥兒喜歡的蔬菜水果上。
- 多嘗試不同廠牌的滋養丸，或外觀顏色不同的滋養丸。

如果鳥兒開始會吃些許滋養丸，請試著在平常的飼料裡添加滋養丸。一開始只加 1g 也沒關係，少量添加不要心急，慢慢嘗試各種方法，讓鳥兒接受吃滋養丸。

【CASE STUDY 3】玄鳳鸚鵡（♀）

海老澤醫師的小叮嚀

上例情況很常發生在愛撒嬌的鳥兒與心軟的飼主。在鳥兒身體還沒出大事之前，務必進行健康檢查，確實掌握鳥兒的健康狀況。

【CASE STUDY 4】桃面愛情鳥（♀）

小鸚皮皮因為一直在發情，所以持續進行著飲食控制。
有時候會咬人
輕咬的力道偏強
明明在飲食控制，體重卻不斷增加，飼主很納悶，於是帶牠去醫院……
?
發現肚子裡有蛋！
而且X光檢查也照到骨髓腔內有不少的髓質骨
被獸醫診斷為過度發情，開始進行荷爾蒙治療藥的治療。
我會努力接受治療!!

海老澤醫師的小叮嚀

這是透過飼主每天測量體重，早期發現鳥兒腹內有卵的最佳範例。髓質骨較多、發情程度也很強烈的話，建議接受治療。

〖CASE STUDY 5〗粉紅鳳頭鸚鵡（♀）

以脂肪含量多、高熱量的種子飼料為主食的小桃，雖然沒有產卵，卻出現了發情行為
體重340g 體脂肪高
主食
葵花籽
含紅花籽的帶皮種子飼料
火麻仁（大麻籽）
我就是愛吃種子嘛
把目標體重設定為300g，開始進行飲食控制吧！
嗯嗯 嗯嗯
?
維持原本的一日餵食量，試著減少高脂肪的種子飼料
只是減少高脂肪的種子飼料，鳥寶的體重慢慢減輕，發情也獲得緩解。
這個滋養丸好像也不錯
你要吃吃看嗎？

海老澤醫師的小叮嚀

飲食一如往常、體重卻偏重的話，通常是因為愛吃高脂肪的種子飼料。建議重新檢視飼料的內容，換成有益健康的食物。

【CASE STUDY 6】虎皮鸚鵡（♂）

因為發情行為總是動來動去的小空
發情大炸毛！
磨來磨去
反芻吐料
牠的體重是36g，體重和體型都很標準！
所以，一日餵食量不減量，改成少量分次餵食
早上一次
變更
早
傍晚
晚
得意
吐料的情況減少了！
此外，小空在放風時間總是直直衝向最喜歡的面紙，飼主把面紙收起來了。
東張
西望
因為有所成效，飼主參考書籍微量調整一日餵食量。
藉由能夠維持體重的餵食量，解決了鳥寶反芻吐料的情況。

海老澤醫師的小叮嚀

飲食控制對公鳥也有效。好比這隻正處於發情期，總是豆豆眼（瞳孔縮小）、毛茸茸的公虎皮鸚鵡，只要有耐心地進行抑制發情對策，表情就會出現變化。

COLUMN

飲食控制的注意事項

· 以小型鳥的情況來說，體重一天減少1g很危險。試著增加0.5g的餵食量，讓鳥兒的體重不要減少得太快。

· 若是中型或大型鳥，體重一次減少2g就要特別注意。將餵食量以1g為單位進行調整。

· 進行飲控時務必遵守最低攝取量，如果還是無法減輕體重，可能是代謝降低或母鳥腹部有異物，請和主治醫師商討。

· 在步驟2確認體重在標準範圍內，就不必減少餵食量。不過，不要總是在飼料盒裡裝很多飼料，每天只給能夠維持體重的份量，並徹底執行。

· 決定好的餵食量並非一直維持不變。在換羽期或天氣較冷的時期，鳥兒身體的所需熱量會增加，天氣炎熱的時候，所需熱量則會減少。因為所需熱量會依環境或鳥兒的狀態而改變，請每天測量體重，配合體重控制每次餵食的量。

【測量體重的方法】

若無法將鳥兒放到體重計（棲木秤）上，可以先把小盒子或箱子（包裝容器等）放在體重計上，將數字歸零後，再把鳥兒放入容器，就能測量到正確體重。如果鳥兒在籠內四處飛竄抓不到，可用手帕或毛巾蓋住鳥兒，請留意別讓鳥兒受傷。

無法自行保定鳥兒時，就使用最低單位1g的大型電子秤，將整個鳥籠擺上去，然後放出鳥兒，兩者的數字相減就是鳥兒的體重。如果鳥兒害怕體重計，平時可以把體重計放在鳥籠看得見的範圍，讓牠適應體重計的存在，慢慢減少對體重計的恐懼。試著將鳥兒喜歡的棲木或飼料、點心（請留意熱量的攝取）放在體重計上，誘導鳥兒站上去。有些鳥兒透過練習，會主動站上體重計。即使不是為了抑制發情，測量體重對鳥兒的健康管理也非常重要，請保持耐心，讓鳥兒習慣量體重。

【與人不親近的情況】

如果鳥兒完全不離開鳥籠，勉強牠離開會讓鳥兒壓力變大，這點務必留意。這時候可試著在晚上把飼料盒移出鳥籠。如果到了晚上，飼料盒裡還有飼料，有些鳥兒晚上就會吃太多。在傍晚至夜間把飼料盒移出，早上再放回籠內，就能達成簡單的飲食控制。不過，掌握鳥兒的體重很重要，若無法測量體重，請將鳥兒帶到獸醫院進行測量，和醫師商討今後該怎麼做。

【公鳥發情吐料很多的情況】

即使有發情吐料的狀況，餵食時也只要給予鳥兒一天的攝取量。每天測量體重、確認體重沒有減少，再試著以0．5～1g少量減少餵食量。餵食量減少後，確認吐料的量有無減少。沒有飼料就沒辦法亂吃，吐出飼料會肚子餓，所以吐料後會馬上吃掉。透過飲食控制減緩發情，通常也能減少吐料的次數。

【公鳥吐料給母鳥的情況】

儘管待在不同的鳥籠，有些公鳥還是會在放風時間吐料給母鳥，在這種情況下，公鳥和母鳥都要進行飲食控制。放風時間必須在進食時間內進行。先在各自的籠內餵一次飼料，吃完後過一小時以上才放風。在公鳥的嗉囊內沒有飼料的時間點放風，可防止公鳥吐料給母鳥。

若是同住的一對鳥兒，只有進食的時候放在不同的鳥籠，吃完後過一小時以上，再把牠們放出來，就能防止公鳥吐料給母鳥。

【產卵的情況】

平時進行飲控維持目標體重，卻還是產卵的話，可能是設定了不適當的目標體重。請重新確認體態（參閱90頁的體態評分），判斷目標體重是否適當。如果體態評分較高，就稍微降低目標體重，減少餵食量；反之，如果評分變低，就是母鳥在消耗自身能量

產卵，這種情況不能只是觀望。此時，只靠飲食控制難以抑制發情，請至醫院和獸醫商討，進行荷爾蒙治療藥的治療。

【已在換羽的情況】

鳥兒在換羽期為了長出新羽毛，需要攝取蛋白質。從飲食中無法獲得充足的蛋白質，身體就會破壞肌肉，來作為製造羽毛的材料，所以體重容易下降。若維持相同的餵食量，體重可能會下降，因此早上務必測量體重。發現體重下降時，增加餵食量，使鳥兒能夠維持目標體重。原本野鳥在繁殖期結束後會進入換羽期，而人工飼養的母鳥發情結束後，會出現開始換羽的傾向，但荷爾蒙失調的母鳥，會在發情期間同時換羽。人工飼養的公鳥則通常在換羽期間會完全停止發情，這種情況常見於虎皮鸚鵡。

【飲水量較多的情況】

進行飲食控制後，有些鳥兒會喝很多水，應該是因為肚子餓，所以喝大量的水充飢。這麼一來，有時會排出水分較多的糞便（多為液態尿）或綠色的絕食糞。若出現這些症狀，或是飲水量太多，請確認鳥兒實際的飲水量。如果喝了體重20％以上的水，就是飲水過量，同時也要確認餵食量是否過度減少。若進行處理後，飲水量仍未減少，就要限制飲水量。長期飲水過量會造成腎臟負擔、引發腎衰竭，或尿液中流失鈣質引發低血鈣症，也有可能是病態的多飲多尿。因此，進行飲水控制時，請務必遵從獸醫的指導。關於空腹的判斷，請參考接下來的說明。

【發現鳥兒有嚴重的空腹情況】

處理鳥兒空腹的方法很多，像是增加運動量、進行覓食活動，或增加食物的膳食纖維等。運動會讓交感神經變得活絡，提高代謝，有效抑制過剩的食慾。提高代謝後，若體重變得不易增加，餵食量就能增加。透過覓食活動（請參閱113頁）拉長進食時間，也有減少飲水量的效果。

膳食纖維會延緩腸道吸收養分的速度，增強飽足感。膳食纖維含量高的代表性種子飼料是加納利子（canary seed，又稱尖粟），它還富含蛋白質，可以促進代謝。

如果是以滋養丸為主食，TOP's Parrot Food的滋養丸是不錯的選擇。那是以紫花苜蓿（alfalfa）為主要成分的滋養丸，富含膳食纖維。滋養丸產生的飽足感依製造方法而異，經加熱加壓製成的壓製型滋養丸（路比爾〔Zupreem〕、哈里森等），由於澱粉已經糊化，消化吸收快，所以不耐餓。而未經加熱的冷壓滋養丸（柔迪布殊、樂飛寶〔LAFEBER'S〕等），由於澱粉尚未糊化，能夠慢慢被消化，通常較有飽足感。在營養方面，無論哪種滋養丸都沒問題，但為了鳥兒的空腹或抑制發情而煩惱的飼主，可試著更換不同廠牌的滋養丸。

【飼料灑出來，無法知道正確的進食量】

鳥兒吃飼料時會灑出來的話，請使用深一點的飼料盒，或是少放一點飼料。如果還是會灑出來，確認進食量時就要把灑出來的量也列入計算，然後慢慢逐步減少餵食量。這麼一來，原本狼吞虎嚥的鳥兒也會漸漸吃得乾淨，不會到處亂灑。

樂飛寶
滋養丸

柔迪布殊
滋養丸

TOP's Parrot Food
滋養丸

【留意食物內容】

食物中蛋白質較多會促使母鳥發情，請留意不要餵太多蛋白質，尤其葵花籽、火麻仁（大麻籽）、紅花籽不僅熱量高，蛋白質也高。蛋白質含量高的滋養丸（請參閱70頁），只需在換羽期或鳥兒生病、需要增加蛋白質時餵食。至於蛋白質的建議攝取量，鸚鵡類是整體進食量的15%以下，燕雀類是17%以下。

有些飼主會想知道「能有效抑制發情的特定食物或營養補充品」，令人遺憾的是，目前並沒有確切有效的特定食物或營養補充品。

❷ 增加運動量

除了飲食控制，搭配運動也很重要。如前文所

蛋白質的建議攝取量
（占整體進食量的比例）

《燕雀類》 17% 以下

《鸚鵡類》 15% 以下

高蛋白質的種子飼料

	（%）
葵花籽	20.8
火麻仁（大麻籽）	29.9
紅花籽	22.0

述，運動會讓交感神經變得活絡，提高代謝，抑制過剩的食慾。

野鳥飛翔的動機，是為了尋找食物，從巢穴移動至攝食區域，或是移動至繁殖區域、逃離天敵等。思考野鳥平時是為了什麼而飛，再為家中鳥兒做好準備，讓牠們也能順應本能地飛翔。為了讓鳥兒自在飛翔，整頓環境是最優先的事，例如撤除危險物品、關緊窗戶避免飛失等。

不少飼主會說「我家鳥寶就是不飛」，這和鳥兒的個性或成長環境有很大的關聯，也許鳥兒本來就是比較被動的類型。要讓不動或運動量少的鳥兒動起來、飛起來，必須努力掌握鳥兒的個性。有別於嚴格遵守數字的飲食控制，要讓鳥兒動起來，必須熟知鳥兒的喜好，設法讓運動變得像在玩樂，這需要養成習慣或經歷一段適應的時間，飼主要努力擴展鳥兒喜歡的東西或可能性。有些人會反映「我家鳥寶精力充沛，老是飛來飛去，真傷腦筋」，通常可能是家中有多個房間、讓鳥兒可以自由飛來飛去，或是隔壁的房間、走廊上有鳥兒喜歡的東西，為了去找那個東西才飛來飛去。說到飛行，通常會想到水平直線飛行，但若要善用有限的家中空間，也可以多加利用地板至天花板之間的垂直空間，例如設置像爬樓梯那樣的上下移動路線。此外，雖然不建議在家中飼養多隻鳥兒，但若有可以一起飛行的鳥兒，確實能明顯增加運動量。有些飼主喜歡和鳥兒玩，甚至會讓鳥兒抓住身體或手腕、衣服等，搖晃鳥兒的身體，促使牠們動起來。

接下來介紹引導鳥兒運動的小技巧，請配合鳥兒的個性，安排適合你和鳥兒的運動方法。

【引導鳥兒運動的小技巧】

- 用鳥兒喜歡的食物引誘牠們靠近
- 飼主在屋內移動，讓鳥兒追趕
- 在別的房間放食物，讓鳥兒飛去或走去房間
- 讓鳥兒停在手上，慢慢地上下移動，促使牠張開翅膀活動
- 讓不會飛的鳥兒在衣服上爬

請不要做驅趕鳥兒、使其害怕，或是拋丟鳥兒強迫牠們飛，這些會造成鳥

兒壓力的行為。在換羽、生病期間或鳥兒高齡的情況下，也不要勉強牠們運動。此外，飼主對鳥兒表現出「你要好好運動喔」的態度，會讓鳥兒覺得難受。和鳥兒一起玩，牠們會很開心，能夠感受到和人類一起運動的樂趣，請試著思考這樣的方法。不只是鳥，飼主也一起運動或進行飲食控制，應該會提高鳥兒的幸福度。

【運動的頻率與時間】

健康的鳥兒在一次運動中，最好能夠做到稍微喘氣的程度，一天兩次，一次五分鐘左右。如果強度不夠高，交感神經不會發揮作用，也無法促進血液循環。因此，讓鳥兒在喜歡的時段稍微飛一下並不算是運動，等鳥兒習慣運動之後，請增加運動的時間與次數。肥胖或有基礎疾病的鳥兒，突然增加運動量會很危險，請留意體重或病情變化，再進行運動。

運動的主要目的當然是抑制發情，所以消耗熱量很重要。不過，在短時間內其實消耗不了多少熱量。但運動確實會提高代謝，讓交感神經發揮作用，進而有效抑制過剩的食慾。

③ 拉長進食時間

生長於沙漠氣候或溫帶氣候的鳥兒，若是野鳥，在非繁殖期因為食物減少，一天之中覓食的時間就會增加，也就是說拉長進食時間有助於抑制發情。

覓食（foraging）意指採集食物，為了抑制發情而進行飲食控制的話，起初鳥兒會因為強烈的空腹感，忍不住吃很快。人類也是如此，吃太快缺乏飽足感，就會想吃更多。每天餵食時加入覓食活動，讓鳥兒無法輕易吃到食物，就能拉長進食時間。

鳥友們的覓食活動範例

筆者在X（前推特）進行問卷調查，收集了許多飼主的覓食活動範例。

每日餵食篇

在飼料盒裡放障礙物

難易度 ★

今天就能開始進行！
最簡單的覓食活動

只要在飼料盒裡放入鳥兒不能吃的東西當作障礙物，便可簡單達成覓食活動。

各種障礙物

〈塑膠、玻璃材質〉

日本扁彈珠／彈珠／扭蛋玩具／積木／壓克力珠／寶特瓶的瓶蓋

注意事項 請選擇鳥兒不會誤食的大小，切勿放太小的東西。

〈天然材質〉

稻草／鋸屑／木屑／紙吸管／小米莖／香草／略大的乾燥蔬菜／牧草／木珠／軟木塞／藤球／木片／樹枝

注意事項 請選擇鳥兒啃咬或吞下也很安全的東西。

〈其他食物〉

鳥兒討厭的食物／沒辦法吃的滋養丸
這麼做有個好處，儘管起初是當作障礙物，偶然吃到之後，久而久之也許就能夠吃下肚了。

每日餵食篇

將鳥籠底板的一部分打造成覓食空間

難易度 ★★

在生活空間內加入覓食空間

在鳥籠底板的一部分擺放托盤，鋪上鳥兒吃了也沒關係的東西，如稻草或撕碎的報紙等，然後把飼料撒在上面。起初鳥兒可能不會發現裡面藏了飼料，飼主請從旁觀察情況。

鋪在底板的材料：稻草、牧草、撕碎的報紙、木屑、鋸屑、人工草皮等。

設置多個飼料盒

難易度 ★

增加鳥籠內的飼料盒，增添覓食的樂趣

在鳥籠內多放幾個小的飼料盒，對習慣「只要去這裡就有東西吃」的鳥兒來說，這麼做是增加覓食的要素。飼料盒裡不要放定量的飼料，一個放很少、一個多放一些、一個只放鳥兒喜歡的種子飼料、另一個什麼都沒放，像這樣製造變化。等鳥兒習慣後，也可以每天改變飼料盒的位置。

挑戰漏食器

難易度 ★★★

轉動就會掉出食物

右圖是在透明球狀物放入飼料的款式，裝在棲木等物的旁邊，鳥兒用嘴去戳放飼料的部分，透明球狀物就會轉動，從洞裡掉出飼料，由漏食器下方裝設的飼料盒盛接飼料。

剛開始不要裝在鳥籠，飼主趁著放風時間，在鳥兒面前用手指去戳漏食器，讓鳥兒看到飼料掉出來的樣子。有些鳥兒學得很快，有些鳥兒要花一段時間才能學會怎麼用。在鳥兒適應之前，併用一直使用的飼料盒，牠們會比較安心。除了本書介紹的商品，還有其他不同的商品可供選擇。

漏食器

製造商：Birds' Grooming Shop

放風篇

淘寶球

難易度 ★★

提高放風時間的樂趣！

在透明球內放入飼料，被鳥兒滾動時就會掉出飼料，也有許多飼主會把用過的扭蛋殼鑽洞拿來用。

尋寶

難易度 ★★

提升放風時間的樂趣！

把鳥兒喜歡的食物藏在放風空間內，讓牠們去尋找。也可搭配「用紙等物品包住食物」的做法，這樣能夠促使鳥兒運動，提高代謝。

用紙等物品包住食物（拆包裹）

難易度 ★

增加進食的難度

將鳥兒喜歡的食物用紙包成像糖果一樣，讓牠們啃咬剝開。等到鳥兒熟悉了這種方式，可以做沒有包飼料的假餌。

關於覓食活動的Q&A

Q 我買了覓食玩具，鳥寶卻看也不看。

A 假如鳥兒不玩專用的玩具，進行「每日餵食篇」的方法即可。有時素材或大小會影響鳥兒的興趣，請找找看鳥兒喜歡的物品。

Q 我買來的玩具，鳥寶都玩過了，接下來該怎麼辦？

A 建議加入「每日餵食篇」的方法，設置覓食空間，試試看不同的覓食活動。

打造覓食空間

難易度 ★★

單純的覓食活動
很適合燕雀類的鳥兒

「我家鳥寶完全不碰覓食玩具」、「沒有適合燕雀類的覓食活動」，有這些煩惱的飼主，不妨試試這個方法。

· 在藺草墊上

· 在紙箱或托盤內鋪放牧草或稻草，把鳥兒喜歡的食物撒在上面，讓牠們找出來。

也很適合當作放風時間的遊戲。

使用覓食玩具

難易度 ★★

學會怎麼玩
可以消除無聊

市售商品種類豐富，有抽屜式、開蓋式、旋轉式等，可以盡情挑選。

在筆者的問卷調查中很受歡迎的摩天輪式。

Ⅱ 舒適的溫度

養育幼雛時，舒適的溫度很重要，太冷或太熱就不適合繁殖。因此，將溫度調整成不適合繁殖的溫度，可抑制發情。

設定溫度，抑制發情

關於溫度，有許多人會問：「應該設定在幾度比較好呢？」我個人認為沒有正確的數字，因為溫度會隨著鳥兒生活的地區有所差異，也會因家庭環境有所差異。也就是說，鳥兒習慣的溫度各不相同。無論是冬季或夏季，能夠讓牠們停止發情且不影響身體狀況的溫度，就是最佳溫度。太冷的話，活動力下降，體重會減少，所以溫度對鳥兒的健康管理非常重要。請仔細觀察，以一度為單位，確實記錄。不過，夏天很熱的時候請開冷氣。即使停止發情，假如太熱卻置之不理，鳥兒可能會中暑。一般來說，飼養健康的鳥兒，透過溫度的變化讓牠們能夠感受整年的季節變化很重要。然而，在抑制發情方面，這麼做未必正確。

Ⅲ 適合繁殖的日照時間長度

繁殖與日照時間的長短有著密切的關係，日照時間長短的變化，是「繁殖期到來」的提示，讓鳥兒知道要開始發情了。生物對於日照時間的長短產生反應的特性稱為「光週期」，動物的季節性繁殖或植物的花芽形成（植物萌芽等），都是光週期的代表現象。在日照時間變長的春夏進行繁殖的動物稱為「長日照繁殖者」，在日照時間變短的秋冬進行繁殖的動物稱為「短日照繁殖者」。至於人類或經過品種改良飼養的雞等家禽家畜，則是「非季節性繁殖者」，繁殖不受季節或日照時間長短影響。

【不同週期類型的鳥種】

・長日照繁殖者（在日照時間長的狀態下較易繁殖）

鸚鵡類、斑胸草雀、日本鵪鶉等

・短日照繁殖者（在日照時間短的狀態下較易繁殖）
文鳥

❶ 調整日照時間

下面是虎皮鸚鵡和玄鳳鸚鵡的原產地澳洲達爾文（Darwin）的日照時數資料。在繁殖期時，一天的平均日照時間是13小時17分，非繁殖期是10小時58分，兩個時期的日照時數相差約2小時18分。要抑制發情的話，以非繁殖期的日照時數為目標，試著將日照時間控制在12小時以內，像是用鳥籠布蓋住鳥籠等。若超過12小時，可

澳洲（達爾文）的日照時數

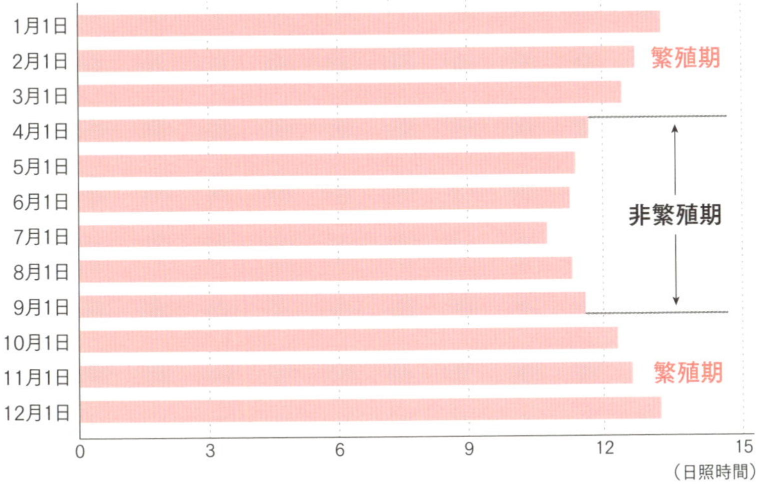

能會容易發情。

接著來看看，短日照週期的文鳥原產地印尼雅加達的日照時數資料。在繁殖期是11小時46分，非繁殖期是12小時28分，和前面的澳洲相比，兩個時期的時數差距較小，只有42分鐘。儘管差距不大，但果然日照時間短比較適合繁殖，**可見短日照週期的文鳥對日照時間的長短差距十分敏感。因此，要抑制文鳥發情，日照時間調整至12小時以上應該會有效**。順帶一提，在日本，十一月至三月是文鳥容易繁殖的時期。

除了長日照週期與短日照週期，

印尼（雅加達）的日照時數

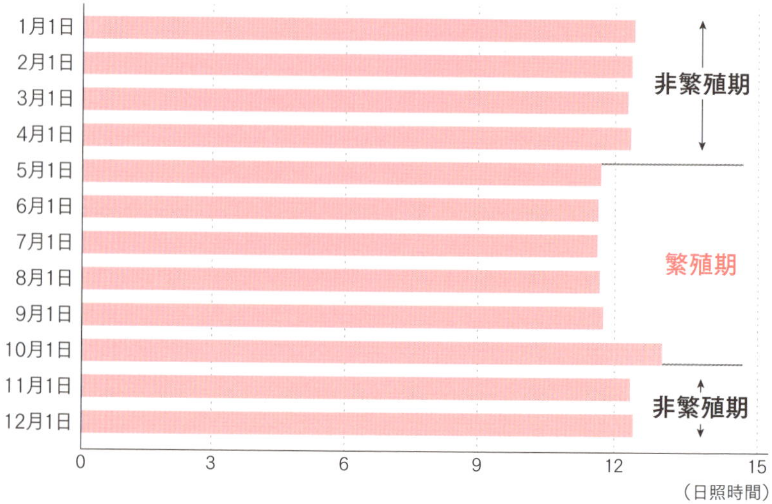

還有兩項指標，可以用來判斷不同鳥種發情的日照時間長短。

第一項指標是非季節性與季節性，這是以鳥類體型大小為基準。大部分的小型鳥偏非季節性，大型鳥偏季節性。據說前文提到的長日照繁殖的虎皮鸚鵡和玄鳳鸚鵡，比起日照時間的長短，其實更重視進食量。即使是長日照繁殖者，若能獲得較多食物，馬上就會進行繁殖。這種情況稱為「非季節性繁殖者」。即使是季節性繁殖的野鳥，被人工飼養後，有充足的食物、生活在舒適的溫度，無論日照時間長短，都會變得容易發情，此情況特別常見於小型鳥。

「季節性」就如字面所示，季節變化或日照時間的長短會影響發情，通常是大型鳥會有這樣的傾向。

小型鳥與大型鳥的發情傾向

小型鳥＝非季節性

- 日照時間長短沒什麼影響
- 因應適合繁殖的條件發情
- 進食量、溫度的影響較大

大型鳥＝季節性

- 日照時間長短影響大
- 季節變化會影響發情

棲息區域與鳥兒體型大小的關聯性

下表是比較①棲息區域是否靠近赤道
與②鳥兒的體型大小。

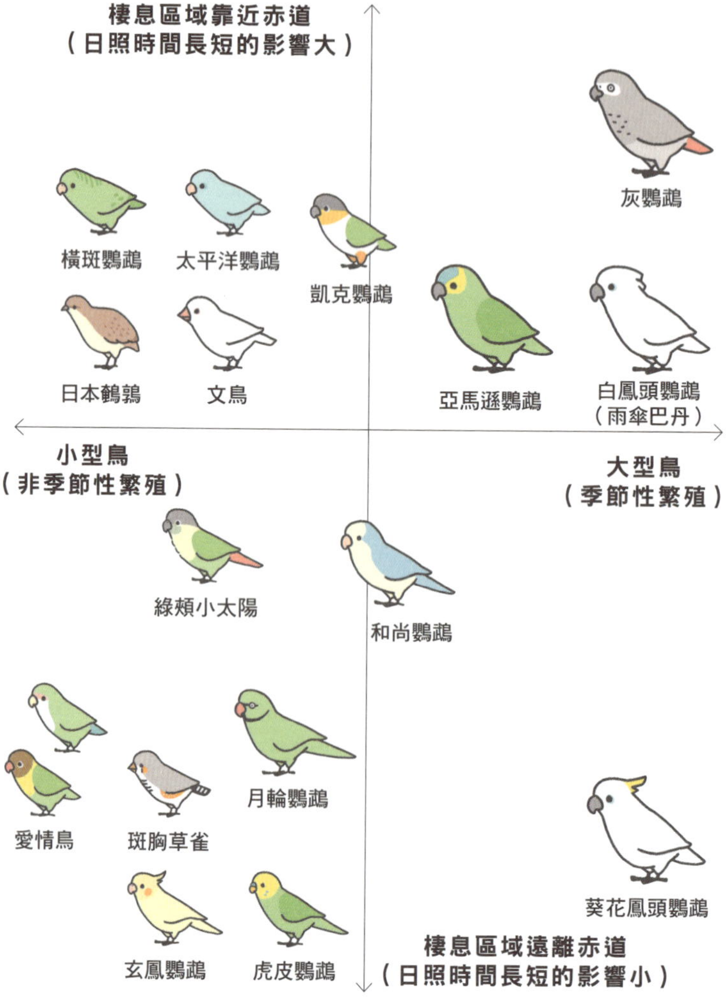

第二項指標，則是**棲息區域是否靠近赤道**。再次以澳洲和印尼為例進行確認，離赤道較遠的澳洲，繁殖期與非繁殖期的日照時數差距大；位於赤道上的印尼，日照時數則差距小。後者由於一天的日照時數差距小，鳥兒對於日照時間會比較敏感。

右頁是將兩項指標綜合彙整而成的圖表，請參考圖表，了解家中鳥兒的發情傾向。

② 睡眠時間

確認完日照時間的長度後，也要注意睡眠時間。對鳥兒來說，黑暗的時間等於睡眠時間是理想狀態，可是和人類一同生活，會有許多無法達成這種狀態的因素。即使用鳥籠布蓋住鳥籠，只要聽到生活噪音，鳥兒就無法安眠。早上人類起床後卻不拿掉鳥籠布，也會讓鳥兒產生壓力。所

以讓鳥兒睡覺時，盡可能讓環境變暗，別讓牠們聽到生活噪音。

也有些人因為下班時間晚，難以控制日照時間的長度。

以文鳥的情況來說，因為是短日照繁殖，即使醒著的時間較長，也不太會影響牠們的發情，但長日照繁殖的鸚鵡類鳥種則會受到影響。不過，即使有抑制發情的問題，我個人認為應該以和鳥兒的溝通互動為優先。飼主回到家時，如果鳥兒表現出「放我出來、陪我玩」的模樣，比起睡眠時間，應該先和牠們互動。想見面卻見不到、沒辦法玩就必須睡覺，是非常痛苦的事。對鳥兒來說，在感覺「今天過得很開心」的狀態下入睡，才是幸福。

控制日照時間之前，進行飲食控制，如常保持溝通互動。當然，鳥兒也有自己的個性，假如晚上不想離開鳥籠的話，沒必要勉強牠們。

IV 巢箱與巢材

許多人或許都誤解了一件事：母鳥不是發情後才開始築巢，而是有可以築巢的場所才發情。因此，若不打算讓鳥兒繁殖，基本上最好不要放巢箱或草窩。如果鳥兒喜歡蹲在飼料盒內或下方，請將飼料盒換成牠進不去的大小，或把飼料盒移到棲木上，讓牠無處可蹲。

基本原則就是：不要等到發情，才撤除會被鳥兒當作巢穴的東西，而是平常就不要放置這類物品。此外，放風時間也別讓屋內出現可當作巢穴的場所。不要拿掉鳥籠的網架底托，假如拿掉，鳥兒可能會用鋪在底部的墊料築巢。若阻止不了鳥兒築巢，建議不要鋪放任何材料。

鳥兒的愛用品，不撤除也沒關係

圈圈窩

三角鳥帳蓬

目前市面上也有許多能讓鳥兒鑽進去的產品，像是三角鳥帳篷或圈圈窩。這些物品對鳥兒來說不只是巢穴，也是牠們懷抱喜愛之情、能夠感到安心的場所，具有支持情緒的作用。這些物品的存在能讓鳥兒放鬆，如果隨便拿走，可能會讓鳥兒精神變得不穩定。要明確區分那是會刺激鳥兒發情的巢穴，還是能夠令牠們安心的場所。若是能夠令鳥兒安心的場所，無論有沒有發情，都可以讓牠們經常待在裡面。若會被當作巢穴，在發情期之外的時間就不要使用。不過，愛情鳥接觸這些物品會變得精神穩定，所以就算被當作巢穴，也不要隨便撤除。

〈衣服裡〉

有些鳥兒喜歡鑽進飼主的衣服裡，我認為這是一種和飼主的溝通互動，還在允許範圍。不過，這是在已經進行飲食控制的前提下，若沒有進行飲食控制，鳥兒處於發情狀態，這麼做就可能會促使鳥兒發情。

〈製造巢材〉

雖然鳥兒為了製造巢材而撕咬木材或紙張，是一種問題行為，但基本上讓牠們這樣做無妨（請參閱41頁）。除了木材或紙張，牧草或藺草、海藻、麻繩製品也會被當作巢材。也可使用家中的紙類或瓦楞紙箱等物品，但請避免有著色或污損的物品。製造巢材對鳥兒來說也是一種玩樂，可以排解無聊、消除壓力。不過，撕咬物品沒關係，囤積巢材就不行，務必撤除鳥兒撕咬的物品。

V 伴侶的存在

因為發情是繁殖的過程之一，只要有對象就容易發情，但有伴侶絕非不好的事。無論對象是鳥、人或物品，鳥兒能夠遇見視為伴侶的存在，是很美好的事。對已經陷入戀愛的鳥兒來說，「放棄那段戀情」相當殘酷，

伴侶的存在會讓牠們感到內心平靜、充滿了愛。因此，當鳥兒對人類做出求偶或發情行為時，以往採取的「不看、不接觸、不溝通」其實是錯誤的方法。

試著找出不減少與鳥兒溝通互動的方法，是我極力推崇的事。鳥兒本來就是喜愛社會性互動的動物，所以會和伴侶長時間相處，同伴之間也經常互相理毛。尤其是被單獨飼養的鳥兒，通常會喜歡與人接觸，和飼主的溝通互動對牠們來說是非常珍貴的時間。就算發現鳥兒發情，也絕不能減少和牠們的溝通互動。

❶ 尊重鳥兒的愛

基本上，鳥類會將幼雛時期接觸到的動物選為伴侶，這種現象稱為「性銘印」。因此，早早離開親鳥的雛鳥被人類飼養後，通常會將人類選為伴侶。若和同種的鳥兒一起生活，則會將對方選為伴侶；而如果是比自己早來到飼主家的鳥兒，即使鳥種不同，有時也會將對方選為伴侶。某些情況下，鳥兒選擇伴侶會不分性別，所以鳥界也有許多同性愛。

就算都是鳥類，愛的形式仍依鳥種而異。鸚鵡類及燕雀類基本上是一夫一妻制，一旦決定了伴侶，終其一生都會相守。雖然伴侶過世或離開時，有些鳥兒會尋求新伴侶，但也可能長時間都陷入孤單的狀態。一夫一妻制是育兒的機制，但在多隻鳥兒生活的群體內，也會出現偶外交配的情況。同一隻母鳥產下的卵中，約有少數至30％左右帶有非伴侶的基因，由此可知，公鳥具有留下各種基因的強烈本能。

不過，折衷鸚鵡很特別，牠們是多夫多妻制，不是只和伴侶交配，而是雜交繁殖。雉雞和雁鴨科雖然是一夫多妻制，但交配後築巢產卵之時，公鳥就已經去尋找別隻母鳥，將育兒完全交給母鳥了。雖然都是鳥類，但伴侶的模式各有不同。

❷與發情中的母鳥溝通互動

只要飲食控制進行得順利，飼主在放風時間仍可和鳥兒溝通互動。不過，觸摸母鳥只能從頭部到頸部，若是發情中的母鳥，請不要過度觸摸整個身體。

當母鳥身體拱起、擺出接受交配的姿勢時，要特別留意不要觸摸背部。不管飼主是否受到鳥兒喜愛，已經會被視為發情對象，所以不要做出讓牠們想起交配行為的動作。**只要鳥兒不是處於發情狀態，觸摸全身就沒關係**。

如何接觸發情中的母鳥

只要牢記以下要點，就沒問題！
好好溝通互動，
保持你和鳥兒良好的關係。

這麼做，會讓母鳥誤以為你在提出交配的邀約。

和鳥兒相處時，身體接觸很重要。如果鳥兒拜託你「摸摸這裡、抓抓這裡」，請務必回應牠們的請求。

③ 如何處理公鳥的交配行為

公鳥有時會對人類的手或頭部、棲木、玩具等做出交配行為。如果開始出現這種行為，就算制止也無法抑制發情，所以直到鳥兒結束前，請不要管牠。為了制止而刻意干擾或出聲分散注意力，反而會造成鳥兒的壓力。基本上，不是等到出現交配行為才制止，而是別做出讓牠們產生性興奮的行為，或讓牠們看到會產生性興奮的物品。

NG行為

- 用指甲刺激鳥喙
- 用手或頭模仿母鳥的樣子，引誘鳥兒進行交配

處理方式

- 戴帽子
- 改變棲木的種類或擺放場所
- 撤除會被當作交配對象的玩具等物品

如何處理公鳥的交配行為？

只要掌握重點，
就能妥善處理公鳥令人困擾的交配行為。

看到交配行為，在旁守護即可

即使公鳥做出交配行為（磨屁股或跳求偶舞），不管牠也沒關係。別制止牠的行為，而是透過飲食控制抑制發情。

〈與公鳥相處時的NG行為〉

用指甲刺激鳥喙

人的指甲和鳥喙相似，所以有時公鳥會做出求偶行為。飼主請不要刻意在公鳥面前露出指甲，誘使其發情。用指甲戳鳥喙，對公鳥來說也是一種引誘。

刻意用手做出母鳥的樣子，誘使公鳥做出交配行為或是讓公鳥站到手上

有時公鳥會把人手誤認成母鳥，站到手上磨屁股，飼主請留意避免這樣的情況。只要公鳥不是處於性興奮的狀態，用手和牠們互動倒無妨。

④成對伴侶鳥的飼養方法

若家中的鳥兒們成為伴侶，又不希望牠們繁殖，就建議平時各自放在不同的鳥籠。這麼做方便分別對公鳥與母鳥進行飲食控制，也能避免公鳥反芻吐料給母鳥。不只要和鳥兒在鳥籠內溝通互動，放風時間也要進行。不過，原本住在一起的伴侶鳥，如果突然被分開放在不同的鳥籠，必須留意。即使彼此的鳥籠就在旁邊，有時也可能引起分離焦慮，出現心神不寧的情況。為避免這種情況，必須從幼鳥時期就分開單獨飼養。雖然成對的伴侶鳥住在一起看起來感情好，也會因為吵架或失去獨處的時間產生壓力，所以最初的飼養方針很重要。

此外，就算已成為伴侶，有時還是會出現有發情行為、卻沒有產卵的情況。這是因為母鳥腦內釋出女性荷爾蒙（雌激素），促使母鳥做出親和行為，表現出類似發情的行為，但牠們的生殖器官其實尚未發育成熟，不會發揮作用，所以不需要太擔心。如果擔心的話，可以帶鳥兒到醫院接受血液檢查，確認有無發情。

5 區分發情對象物與具依戀感的愛用品

鳥兒不只會對飼主或其他鳥兒發情，也會對物品發情，例如玩具、棲木、面紙等，這樣的物品稱為發情對象物。不過，有時是對物品有所依戀，並非當作發情對象，請好好區分對鳥兒來說，那是怎樣的物品。

不具依戀感的發情對象物，只會讓鳥兒做出發情行為。以公鳥為例，看到面紙團會磨屁股，磨一磨就結束了。像面紙一樣用完即丟、有其他替代物的物品，對鳥兒來說就是不具依戀感的物品。發情對象物的特徵是，除了發情行為，鳥兒不會對其產生興趣，就類似棲木或鞦韆這樣的物品。另外，有些物品對動物來說會引發特定的性行為，稱為「超常刺激」。經常有人問：「為什麼鳥寶看到面紙就會想交配呢？」那不過是一種超常刺激的反應罷了。鳥兒自己也不知道為什麼，但看到就會產生性興奮（性慾）。儘管有個體差異，面紙等物品通常尤其會成為公鳥的超常刺激。

像這類不具依戀感的發情對象物，即使突然消失，鳥兒也不會變得心神不寧。因此，請將非生活必需品的玩具從鳥籠內撤除，把棲木等生活必需品放在難以進行交配行為的場所，或是試著改變棲木的材質。如果是屋內的物品，請藏起來別讓鳥兒看到。

反之，若是具有依戀感的發情對象物，就不可以隨便撤除。因為具有依戀感，對鳥兒來說是很重要的物品，如果少了它，鳥兒就可能會變得心神不寧。

這種物品的特徵，是有眼睛的玩具或布偶、鏡子等。有時鳥兒會把這樣的物品當作伴侶，或是對鏡中的自己或其他對象物產生依戀而發情。除了做出發情行為，牠們也經常會依偎在這些物品旁。如果鳥兒對其做出反芻吐料的行為，就請不要隨便撤除這些物品。

VI 綠色植物

原產地在半乾旱地區的鳥類，看到綠色植物就會啟動發情本能。半乾旱地區，是指半乾旱氣候或熱帶莽原氣候的地區，在旱季降水量會減少。綠色植物對野鳥來說，是繁殖期到來的信號。在半乾旱地區，進入雨季會大量降雨，植物生長茂密，居住環境全部變成綠色，鳥兒看到這樣的景色，身體就會開始準備繁殖。

以澳洲的雨季和旱季為例，雨季是一片綠意盎然的世界，旱季則是棕黃色的世界。據說，當環境轉變為綠色，鳥兒就更容易發情。

出生於半乾旱地區的鳥兒，進行飲食控制仍無法制止發情的話，請試著不要餵綠色菜葉的青菜，不在鳥兒的視線範圍內放觀葉植物也是一種方法。話雖如此，攝取青菜可以補充營養，所以請當作最後的手段。經常有人問：「餵太多青菜會讓鳥兒發情嗎？」但事實並非如此。鳥兒發情和青菜的餵食量或頻率無關，是視覺刺激造成的。比較看看餵與不餵青菜的時期，如果青菜確實會讓

澳洲的景色

在野生虎皮鸚鵡和玄鳳鸚鵡棲息的澳洲，
最具特色的兩個季節，是雨季與旱季。
我們來看看，這兩種季節在鳥類眼中看起來是什麼樣子。

照片提供：岡本勇太

雨季

草木茂盛，也有會開花的植物。整體都是綠色，不難理解鳥兒看了為何會啟動發情的本能。玄鳳鸚鵡會在地面上覓食，不停尋找掉落的種子。

旱季

鳥兒眼中是一大片乾枯的草木，幾乎找不到綠色的植物。玄鳳鸚鵡的體色會變成灰色的保護色。

各鳥種的棲息分佈圖

對生活在熱帶莽原氣候、半乾旱氣候的鳥兒來說，
綠色植物是容易引起發情的「起因」。

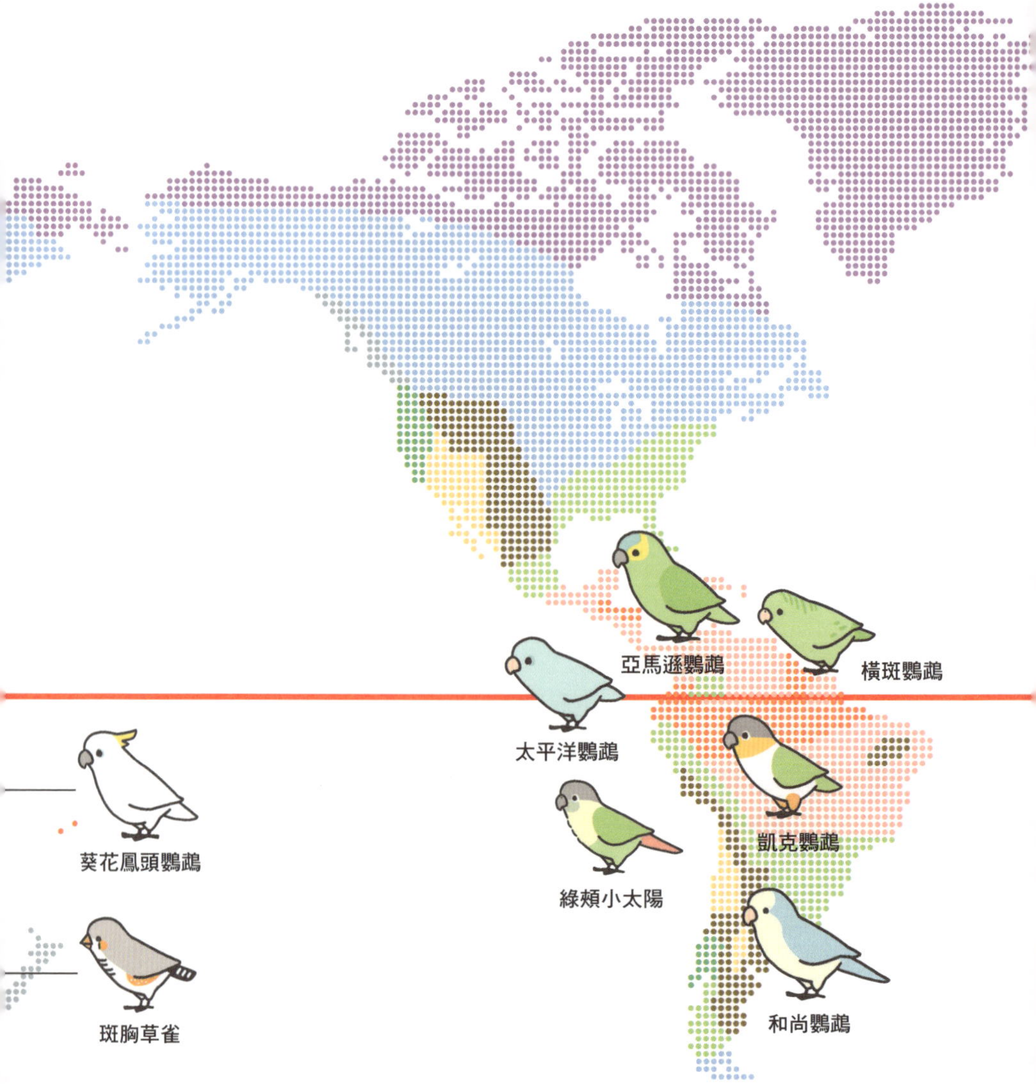

其他

- 冷帶（副極地）氣候
- 熱帶雨林氣候
- 沙漠氣候
- 地中海型氣候
- 夏雨型暖濕氣候

綠色植物會成為發情起因的地區

- 熱帶莽原氣候
- 半乾旱（草原）氣候

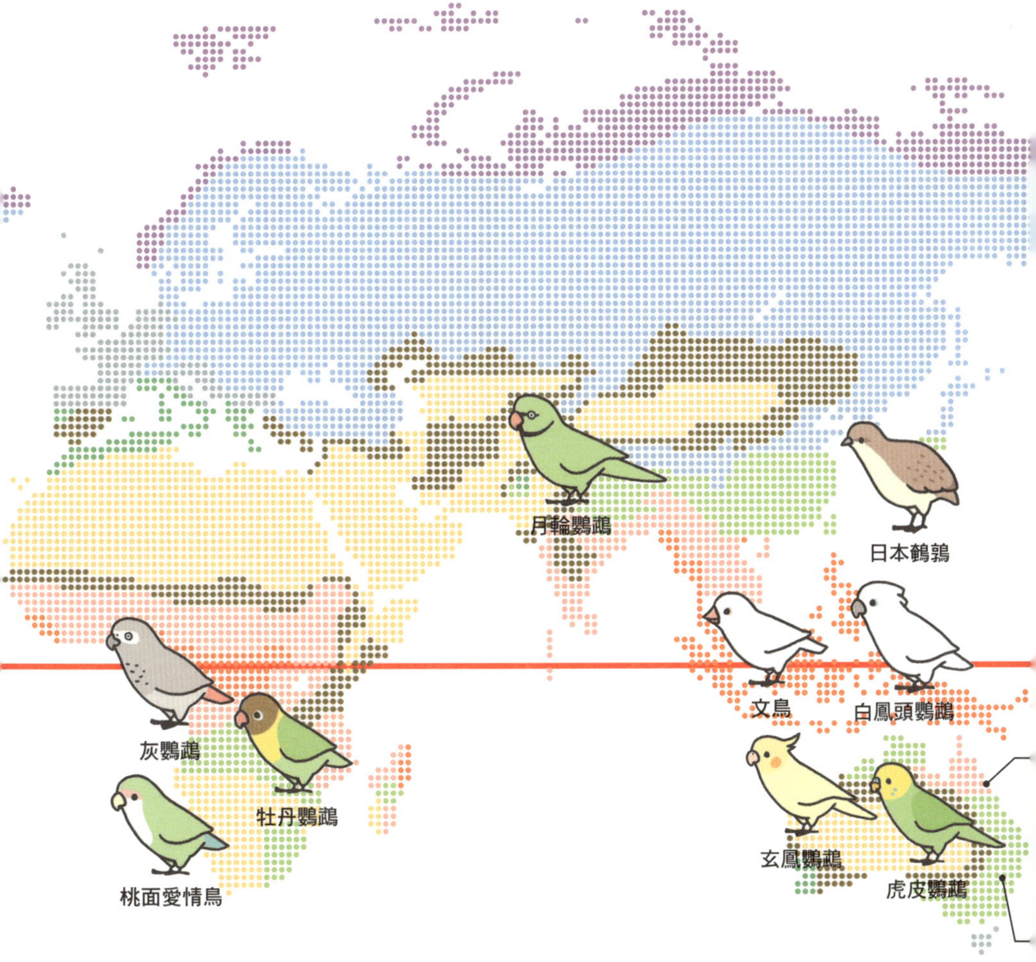

鳥兒發情，可以試著餵乾燥蔬菜。

Ⅶ 高濕度

這是和前文的綠色植物類似的要因，生活在半乾旱地區的鳥兒，濕度高的環境也會啟動牠們的發情本能。雨季的大量降雨，會大幅增加環境的濕度。日本的梅雨季或夏季也容易成為高濕度的環境，以濕度60％以下為基準，盡可能控制在這個範圍為佳。濕度太高的話，不只容易讓鳥兒發情，也可能發生中暑等危險情況。

Ⅷ 減少任務

為了活下去，野鳥每天都在執行生存任務，有一份調查野生及人工飼養的橙翼亞馬遜鸚鵡的論文指出，野生鸚鵡一天最多會花六小時進行覓食（採集食物）。早上起床後，先從巢穴飛往有食物的場所，但未必是在附近。但即使到了那些場所，也未必馬上就有食物吃，所以鳥兒們必須勤奮地尋找食物，用鳥喙敲擊破壞、從中取得食物，並不斷重複這樣的行為。然而，人工飼養的鸚鵡一天花在進食的時間，據說是30～72分鐘，為了食物動腦或活動身體的時間非常短。大多數寵物鳥要執行的生存任務極少，經常無事可做。因為沒事可做，使得公鳥進行發情行為（反芻吐料等）或交配行為（磨屁股等）的頻率增加，有些鳥兒甚至會不斷地吃飼料又吐出來。因此，增加鳥兒的任務可抑制發情，建議嘗試的任務是覓食活動與運動。在前文的飲食控制也有提到，日常生活中有任務要執行，就能減緩鳥兒的發情。

IX 壓力

野外存在著各種危險，像是外敵襲擊、缺乏食物、災害、氣候變動等，這些對鳥兒會造成很大的壓力，對繁殖率產生莫大影響。但人工飼養的鳥兒，幾乎不會有這些危險造成的壓力。身處沒有壓力的生活環境，只要有適合繁殖的條件，鳥兒就會容易發情。

當鳥兒感受到壓力時，腎上腺皮質會分泌皮質醇（又稱壓力荷爾蒙）這種皮質類固醇。

皮質類固醇是繁殖的調節器，相當於協調員的角色。在大量分泌皮質醇的狀態下，性腺（生殖腺）不會發育成熟，自然不會進入發情期。

野鳥面臨的壓力，與空腹或運動量增加、寒冷、缺水、恐懼有關，這些壓力因子刺激皮質醇分泌，抑制促性腺激素的分泌，進而抑制發情。

由於這一特性，人類會認為對鳥兒施壓可以抑制發情，因此往往會提出頻繁改變鳥籠擺放位置，或是換鳥籠、把鳥籠放在和鳥兒感情不好的其他鳥兒旁邊等等建議。但這些行為，只會對鳥兒造成惡性壓力，即便是要制止鳥兒發情，也別做出會降低鳥兒生活品質的行為。

目前為止介紹的抑制發情對策，基本上對鳥兒都會造成一定程度的壓力。必須運動，還要進行飲食控制，抑制發情的過程絕不是輕鬆愉快、毫無壓力的。不過環境若毫無壓力，也並不能維持鳥兒的健康。

飼主能做的，就是給予鳥兒適度且不造成痛苦的良性壓力。是否會讓鳥兒難受，對鳥兒來說是否是愉快的適度刺激，鳥兒又是否能容許某種程度的壓力、樂在其中並完成任務，以這樣的觀點去觀察鳥兒的情況，是非常重要的。

Column

飼主的煩惱諮詢問答

我每天都會詳細記錄鳥寶的體重和餵食量，也有積極進行覓食活動和運動，但有時看不見成果，會讓我覺得焦慮，只能看著自己的記錄乾瞪眼……剛開始我很努力做那些事，也樂在其中，現在卻覺得心好累。

（來自虎皮鸚鵡♀的飼主）

母鳥若不抑制發情，會有健康方面的疑慮，身爲獸醫師，我建議務必採取抑制發情的措施。不得不說，飲食控制非常重要。

不過，進行了飲食控制卻無法制止發情、無法好好控制體重，或看到鳥兒餓肚子的樣子很難受，有些飼主會因此對於抑制發情感到心累。

有那種感受的飼主，也許是很認眞負責、富有同理心的人，這是很棒的特質，不必感到自責，請試著稍微改變想法或觀點。若想以不心累的狀態持續進行抑制發情，即使飲食控制沒有效，也不要產生負面想法。訣竅就是「暫時擺脫情緒造成的影響」。試著去關注對策爲何不順利，分析原因。獨自做這件事也許很難，可以試著向家人或朋友尋求意見，像是「我都做到這樣了，以你的角度來看覺得怎麼樣」，或是借助社群網站的力量，彙整現況找出原因，進行合理的改善。不要感情用事，必須以冷靜的態度重新檢視自己做過的事，坦然接納客觀的意見。

有些人會因爲看到鳥兒餓肚子的樣子覺得難受，而沒辦法減少餵食量。那麼，請試著減輕鳥兒的飢餓感，配合鳥兒的身體狀況，將餵食量減至最低限度，進行高強度的運動提高代謝，運動正是解決之道。不過，只有鳥兒努力的話，飼主也許會有罪惡感。那就試著和鳥兒一起運動，不要把抑制發情當作鳥兒單方面的問題，飼主也有連帶責任，應該同心協力完成目標。

即便如此，有些飼主和鳥兒還是無法如願達成目標，這可能是發情程度十分嚴重的狀態，請帶鳥兒到醫院諮詢，和獸醫商討是否要進行荷爾蒙治療藥的治療。

第4章

利用荷爾蒙治療藥抑制發情

爲何要使用藥物抑制發情

有時我們雖然已經做了飲食控制或改善環境與生活，卻仍無法順利幫助鳥兒抑制發情。尤其是發情程度強烈的母鳥，會因為持續的慢性發情，容易罹患生殖系統疾病。如果飼主自行在家進行的抑制發情對策無法讓鳥兒停止發情，或出現其他令人困擾的情況，也可以考慮借助醫療的力量。

聽到使用藥物治療，或許有些人會感到排斥或抗拒。但是，好比女性為減緩經痛，會服用低劑量避孕藥那樣，荷爾蒙治療藥是非常普遍的選項。荷爾蒙治療藥，其實是多數人治療生殖系統疾病的重要藥物。最新研究結果指出，使用荷爾蒙治療藥進行治療，對人類來說已是常態，所以對於為了相同症狀而難受的鳥兒，進行同樣的治療是毋須排斥的事。以第1章提到的動物福祉觀點來看，人類在荷爾蒙方面擁有的最新醫療技術，也應該平等地使用在鳥兒身上。

用於醫療的荷爾蒙治療藥，分為注射藥與口服藥。不過，使用藥物需要定期就醫，飼主要做好心理準備。有些醫院不提供荷爾蒙治療藥的治療，必須事先諮詢。此外，後面也會提到，目前大眾對於鳥兒的發情治療尚無普遍的認知，有時醫院或獸醫也會抱持不同的意見。至於本書的內容，是筆者根據自身的診療成果與見解彙整而成。

也被稱作化學去勢

使用荷爾蒙治療藥抑制發情的治療，也被稱為「化學去勢」，對於這個很少聽到的名詞，有些飼主或許會感到驚訝，但這和一般的去勢不同。貓狗在適齡期進行的去勢稱為「外科去勢」，那是動手術切除繁殖所需的性腺（生殖腺）。性腺相當於雄性動物的睪丸、雌性動物的卵巢。化學去勢是使用性激素治療藥物抑制性衝動或性行為，治療生殖系統疾病。因為不必摘除器官，是比較安全的治療方法，但中止治療就會恢復原狀。有些飼主以為開始治療就必須持續用藥，其實只要和治療併行的居家抑制對策有良好效果的話，鳥兒上了年紀不發情，就算停藥也沒關係。

鳥類的荷爾蒙治療藥

現階段，並沒有專為鳥類開發的抑制發情藥物，都是使用人用藥品。在日本幾乎不進行貓狗的化學去勢，所以動物用藥品之中並沒有符合的藥物。因此，鳥類的荷爾蒙治療藥的治療（化學去勢）也沒有可依循的診療指引，通常是各醫院診所根據各自的經驗進行治療。本書介紹的藥劑之中，柳菩林（Leuplin Depot）和來曲唑（Letrozole）已有研究論文證實對鳥類有效。國外因為有犬用避孕藥「地洛瑞林（Deslorelin）」，大部分的獸醫會用這個藥物為鳥類進行治療。但此藥物在日本未獲得認可，必須另外進口，且由於相當昂貴，是不符實際的選項。

治療所需條件

進行治療之前，請深入理解有何效果或風險。因為通常需要長期的定期就醫，和固定接受診療的獸醫仔細討論要進行哪種治療是很重要的。飼主務必充分理解情況後，再進行治療。

❶ 有確實的效果

荷爾蒙治療藥的效果，依藥的種類或鳥的個體差異而有所不同，因為藥劑的治療效果（作用機制）不同，有時可能會無法完全抑制發情。這時候請根據獸醫的判斷，增加藥量或改變藥劑。若飼主感受不到確實的效果，也可考慮做第二意見諮詢。

❷ 效果持續

荷爾蒙治療藥分為注射藥與口服藥，注射藥被稱為緩釋型藥劑，藥物的成分會慢慢地在體內長時間釋出，持續期間依藥劑而異，當注射的藥劑在體內被完全吸收，效果就會消失。效果消失後又開始發情的話，必須再次接受注射。口服藥基本上只要持續服用就會有效，一旦停用就會失去效果。停止服用藥物後又開始發情的話，必須持續服用。

❸副作用少，可持續使用

藥劑如果有效（有作用），必定會有副作用。治療中會頻繁使用藥劑的話，必須和獸醫討論，選擇副作用少、可持續使用的藥物。

藥物發揮作用的機制

接下來，以荷爾蒙的觀點解說鳥類發情的機制，以及藥物如何發揮效果，由於專業術語較多，各位可選擇跳過不讀。

如第2章所述，鳥類體內啟動發情本能就會進入發情期，於是大腦底層的下視丘會分泌「促性腺素釋素（GnRH）」，GnRH刺激腦下垂體前葉，進而分泌「卵泡刺激素（FSH）」與「黃體成長激素（LH）」。這兩個荷爾蒙會對卵巢或睪丸起作用，是發情的起因。

分泌這些荷爾蒙後，母鳥的卵巢也會分泌雄性素（男性荷爾蒙的總稱），提高性慾與攻擊性。卵巢分泌的雄性素會被芳香環酶（Aromatase）這個酵素轉換為雌激素，這是人體也有的女性荷爾蒙。雌激素在卵巢促進卵泡（卵黃形成的部分，請參閱48頁）的形成，成為蛋的根源。

另外，雌激素也會對輸卵管起作用，讓輸卵管發育成熟，開始製造卵白；對肝臟起作用，促進卵黃蛋白質前驅物的卵黃生成素與脂質的產生；對骨骼起作

性激素的運作與作用

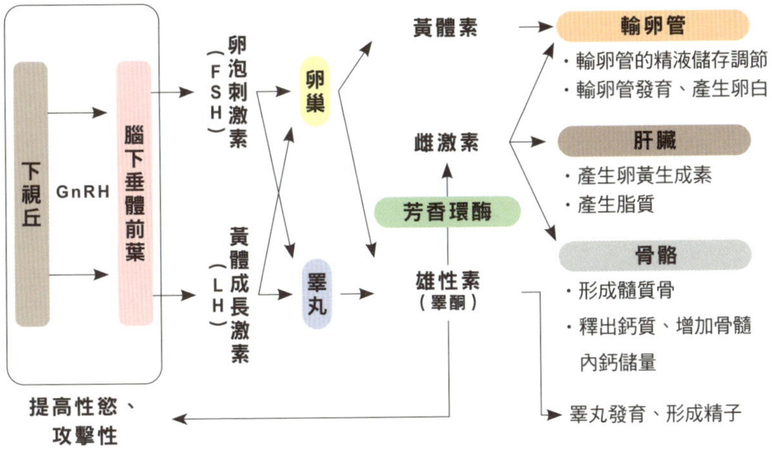

用，形成髓質骨，同時破壞骨骼，釋出鈣質至血液中，軟化、擴張恥骨。

卵巢還會分泌黃體素，這是人類在懷孕期間會增加的荷爾蒙，對鳥類來說是調節輸卵管精液儲存的荷爾蒙。

接下來要介紹的藥劑，能夠有效抑制或終止這些荷爾蒙的分泌，有助於制止發情。

用於治療的藥物

荷爾蒙治療有各種藥物，
接下來針對藥物的特徵進行說明。

柳菩林（持續性藥效皮下注射劑）

學名 Leuprolide Acetate

藥效分類名 促黃體激素釋素（LHRH）

衍生物 微膠囊緩釋劑

對人體的效能、效果

❶縮小（伴隨經血過多、下腹痛、腰痛及貧血等症狀的）子宮肌瘤及改善症狀
❷子宮內膜異位症　❸停經前乳癌　❹攝護腺癌　❺中樞性性早熟

〈作用機制〉

注射柳菩林後，起初會出現急性效應（acute effect）的發情狀態，持續約三天。因為黃體成長激素和卵泡刺激素的分泌量會暫時增加，使得雌激素的分泌量上升。不過，當柳菩林的血中濃度維持在一定程度，腦下垂體前葉的促性腺素釋素受體的反應性會降低，促卵黃生成激素與卵泡刺激素的分泌也會降低，這稱為慢性效應。卵巢減少分泌雌激素、睪丸減少分泌雄性素，進而抑制發情。這樣的機制可讓鳥類的腦下垂體前葉的促性腺素釋素受體的反應性長期維持低下狀態，所以即使下視丘分泌促性腺素釋素，只要柳菩林發揮藥效，就能抑制發情。

〈投藥方法〉

皮下注射或肌肉注射（人類是皮下注射）

〈效果與作用時間〉

柳菩林是緩釋劑微膠囊，注射後會停留於注射部位，在體內緩慢溶解，持續釋出藥劑，維持長期效果。柳菩林的作用時間依種類而異。

・柳菩林約2週（人類是1個月）

・柳菩林PRO約2～3個月（人類是6個月）

柳菩林藥效強，使用適當劑量就能完全抑制母鳥的發情，但公鳥必須使用高劑量。一旦失去藥效就會馬上發情，建議對公鳥使用柳菩林PRO。

〈投藥間隔〉

當柳菩林藥效消失，若沒有馬上出現發情症狀就不需要定期注射，只要在發情的時候到院注射即可。

〈副作用〉

以人類來說，特別是女性，注射後會出現因雌激素下降導致的類更年期障礙症狀。但鳥類與人類不同，雌激素下降是在非繁殖期的狀態才會出現，所以不會有那樣的症狀。不過，停止發情就會開始換羽，因而暫時出現沒精神或沒食慾的情況。柳菩林劑量不足時，只能維持急性效應，反而可能導致發情亢進，所以必須使用適當的劑量。

來曲唑（口服藥）

學名 Letrozole　**藥效分類名** 芳香環酶抑制劑

對人體的效能、效果 停經前乳癌

〈作用機制〉

阻礙芳香環酶（請參閱153頁）的作用，抑制雌激素的產生，進而抑制發情。對公鳥無效。

〈投藥方法〉

飲水投藥或藥液（糖漿）的直接經口投藥。

〈效果與作用時間〉

對母鳥可發揮非常強烈的抑制發情效果，服藥後二至三天會出現停止發情的傾向，但對公鳥無效。

不過，藥效只限服藥期間。停止發情進入換羽期時，停止服藥並不會馬上發情，若有馬上發情的情況，必須繼續服藥。即使沒有每天服藥，已停止發情的話，可改成每隔一至三天斷續性投藥。

〈副作用〉

在人體會引起血栓、栓塞、肝功能障礙等症狀，但頻率不明。因為是人用藥品，無法得知對鳥類有何副作用，但要留意肝功能障礙。臨床發現的短期副作用是，因為換羽暫時變得沒精神或沒食慾，長期副作用是血液中的雄性素增加。由於雄性素無法轉換成雌激素，有時會提高性衝動（與生殖系統活動無關）或攻擊性。以日本鶺鴒為例，筆者的醫院曾接觸過羽毛雄性化與黑色素生成增多的腳鱗（覆蓋在腳上的鱗狀皮膚）黑化病例。

泰莫西芬（口服藥）

學名 Tamoxifen Citrate

藥效分類名 抗乳癌藥　**對人體的效能、效果** 停經前乳癌

〈作用機制〉

和雌激素競爭結合，避免雌激素與雌激素受體作用，透過抗雌激素作用抑制發情。

〈投藥方法〉

飲水投藥或藥液（糖漿）的直接經口投藥。

〈效果與作用時間〉

雖然只在服藥期間有效，但效果穩定。只用泰莫西芬通常難以完全抑制母鳥的發情，對公鳥則是無效。

〈副作用〉

對人體的副作用是白血球減少和貧血，但以虎皮鸚鵡為對象進行的副作用調查，沒有發現這些症狀。

【關於荷爾蒙治療藥】

●不推薦的荷爾蒙藥物

抑制性激素的藥物之中，有一種被稱為黃體製劑的藥物，包括醋酸環丙孕酮（cyproterone acetate，CPA）和醋酸甲羥孕酮（Medroxyprogesterone acetate，MPA）。這兩種藥劑會對下視丘起作用，抑制促性腺素釋素的分泌，也會直接對性腺起作用，抑制性腺功能、減弱雌激素的效果。不過，這兩種藥劑的副作用強烈，會頻繁出現各種症狀，像是誘發糖尿病、肝功能障礙、食慾亢進引起的肥胖、抑制免疫、未成熟排卵、多飲多尿等。有些醫院會開立這兩種藥物的處方，請務必確認處方籤。

●確認是否已停止發情

根據發情行為的消失，判斷是否已停止發情。發情期停止後，即使未產卵，有些母鳥在沒有卵或幼雛的情況下仍會進入孵蛋期或育雛期。若是孵蛋期，母鳥會澎毛、蹲著不動，若是育雛期，母鳥會對自己的腳或玩具、棲木等反芻吐料。通常也會迎來換羽。

●國外的治療

國外的荷爾蒙治療藥（化學去勢）基本上是使用前文提到的地洛瑞林（GnRH衍生物），此藥劑具有和柳菩林相同的作用，可用於雄性和雌性動物。將微晶片植入劑用粗大號針頭注射針植入皮膚，使藥劑在皮下長時間停留且持續釋出，維持長期（約3～6個月）效果。雖然是犬用和雪貂用，一般也用於鳥類。

●產卵中的荷爾蒙治療藥的投藥

柳菩林和來曲唑具有即效性，當母鳥腹中有卵的時候，最好避免投藥。倘若發生挾蛋症（卡蛋），因為藥劑停止發情，會使得產道無法放鬆，無法壓迫擠出蛋。投藥可在產卵後進行。

第5章

發情的相關疾病

母鳥發情後，體內為了育卵會發生各種生理變化（請參閱第2章），這些變化必須消耗體內大量的資源，對身體會造成很大的負擔。產完卵才算結束的發情期，通常約二至三週，但寵物鳥不像野鳥會經歷完整的繁殖期，所以發情期更長。即使結束，很快又會發情，結果引起和發情有關的各種疾病。只有母鳥會因為發情出現生理變化，公鳥不像母鳥有那麼多生殖系統的疾病。不過，公虎皮鸚鵡罹患睪丸腫瘤的機率相當高，發情時必須留意。本章將為各位解說因發情產生的生理變化會引起怎樣的疾病。

母鳥發情會罹患的相關疾病

母鳥發情後，身體會發生以下的變化：

❶ 血鈣濃度上升與髓質骨形成

❷ 繁殖慾

母鳥繁殖的相關疾病

適合發情的環境

↓

慢性發情

01 血鈣濃度上升與髓質骨形成

- ○腎臟病
- ○多骨型骨質增生
- ○退化性關節炎
- ○異位性鈣化
- ○綜薦骨變形
- ○鳴管鈣化

02 繁殖慾

- ○築巢行為
- ○伏巢行為
- ○攻擊性
- ○慾求不滿（性挫折）
- ○羽毛破壞行為
- ○自殘

03 生殖系統發育、過度產卵

- ○低血鈣症
- ○軟骨病
- ○挾蛋症（卡蛋）
- ○腹部疝氣
- ○排泄孔尾側疝氣
- ○輸卵管蓄卵材症（輸卵管阻塞）
- ○輸卵管、卵巢腫瘤
- ○卵黃性腹膜炎
- ○泄殖腔脫垂（脫肛）
- ○輸卵管脫垂

04 肝臟製造蛋白質、脂質

- ○羽毛發育不良
- ○鳥喙、鳥爪變形、出血斑
- ○翅膀的黃色瘤（xanthoma）
- ○類脂性肺炎
- ○動脈硬化
- ○心血管疾病

❸ **生殖系統發育、過度產卵**

❹ **肝臟製造蛋白質、脂質**

接下來，根據這些原因說明會有哪些疾病。

❶ 血鈣濃度上升與髓質骨形成

母鳥發情後，體內的血鈣濃度會上升。體內為了快速製造卵殼，骨骼會經常釋放鈣質至血液中，這對身體是不好的狀態，長期下來會損害健康。血鈣濃度上升，尿液中會排出鈣質變得多尿，因而出現大量飲水的情況。軟組織也會發生鈣化，尤其是腎臟的腎小管鈣化會引起「**腎臟病**」。因為會阻礙尿液水分的再吸收，所以變得多尿，也會阻礙鐵或鋅、其他礦物質的吸收。

此外，骨髓腔內會蓄積鈣質，在體內形成髓質骨（請參閱50頁）。雖然依鳥種而異，不過髓質骨通常是在肱骨與橈尺骨，或股骨與脛跗骨的骨髓腔內形成。若是未產卵的慢性發情，不只是骨髓腔內，全身的骨骼都會形成髓質骨，這種狀態稱為「**多骨型骨質增生**（**Polyostotic Hyperostosis**）」。髓質骨形成後並不會一直停留在原處，吸收老舊骨組織的破骨細胞（又稱蝕骨細胞）和製造新骨的成骨細胞隨時都在形成髓質骨。這段期間，鈣質會持續釋放至血液中。

五歲過後慢性發情的小型母鸚鵡，膝關節或髖關節、肩關節尤其經常容易發生「**退化性關節炎**」。退化性關節炎的發病機制目前尚未釐清，可能是關節內重複發生髓質骨的形成與破壞，使得關節軟骨減少所致。多骨型骨質增生惡化，骨膜（附著在骨骼表面的結締組織薄膜）會鈣化隆起，這種狀態稱為「**異位性鈣化**」。若是發生在綜薦骨（骨盆），腹側會出現鈣化的隆起變形。因為腎臟位於綜薦骨所在的腹側，可能會壓迫到腎臟，影響腎臟功能。

此外，在鳥類的發聲器官鳴管周圍有名為軟骨環的軟骨，發情後這個部分

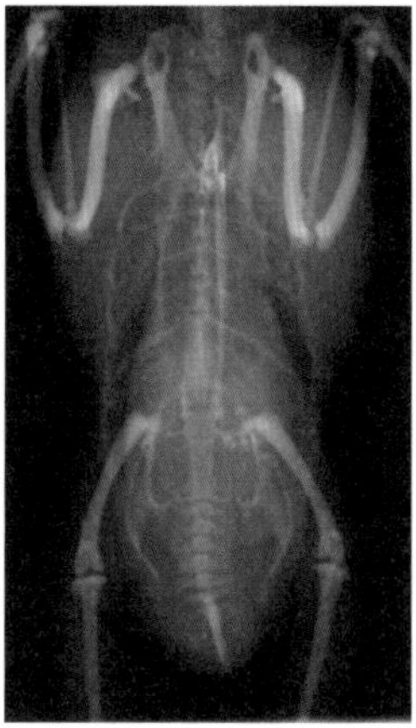

多骨型骨質增生的X光片，肱骨、脊椎骨、股骨變白，髓質骨已在體內形成。

也會發生鈣化。一旦發作，有時會出現呼吸音（空氣通過呼吸系統時產生的聲音）或咳嗽的情況。

❷ 繁殖慾

第2章曾提及，母鳥發情後會出現「**築巢行為**」或「**伏巢行為**」。如果性興奮的狀態持續下去，鳥兒會變得愛撒嬌或焦躁易怒、具有攻擊性。在交配慾使然下，牠們會對著飼主的手做出背部拱起的接受交配姿勢，卻因為無法進行原本的繁殖行為，有時會變得慾求不滿（性挫折）。慾求不滿造成的壓力，也是導致鳥兒做出**羽毛破壞行為（拔毛、咬毛）**或**自殘**的原因。

❸ 生殖系統發育、過度產卵

母鳥發情後，生殖系統（卵巢與輸卵管）發育，腹部肌肉會變得鬆弛，恥骨間距也會變寬。這種狀態依發情程度的強弱而異，若是輕度發情，有時腹部肌肉或恥骨不會有變化。生殖系統的發育是因雌激素而起。

後文（170～177頁）對於生殖系統疾病之中最常見的疾病有詳細說明。

每個月重複產卵，會導致鈣質大量流失，進而引發疾病。鈣質原本會蓄積在骨骼內，當鈣質與維生素D攝取量不足，骨骼來不及蓄積鈣質時，連續不斷地產卵就會引起「**低血鈣症**」。於是，鳥兒會變得全身無力、動彈不得，甚至出現全身顫抖的「手足抽搐（tetary）」。骨質密度低的狀態若持續下去，還會引起「**軟骨病**」，造成全身骨骼變形。

❹肝臟製造蛋白質、脂質

母鳥發情後，肝臟會製造卵黃成分中的卵黃生成素與脂質，以及卵白成分中的白蛋白，並釋放至血液中。受到這個影響，血液中的蛋白質與脂質的量會增加。若長期處於慢性發情，這種狀態也會持續，進而損害健康，出現「**肝功能下降**」。肝臟製造蛋白質或脂質會產生大量的活性氧，那些物質會讓肝臟細胞受損。未產卵卻攝取過量的食物會變成脂肪肝，導致肝功能下降。

像這樣血中脂質增加，也就是「**高脂血症（血脂異常）**」與肝功能下降的狀態持續下去，會造成角蛋白形成異常。因為羽毛、鳥喙、鳥爪是由角蛋白形成的，所以會出現羽毛變形或變色的**「羽毛發育不良」**，或**「鳥喙、鳥爪變形、出血斑」**。

此外，翅膀前端（掌骨內側）有時會出現黃色腫塊，這是良性腫瘤的**「黃色瘤（xanthoma）」**，在血中膽固醇高的時候容易形成。脂肪堆積在肺部會引發「**類脂性肺炎**」，特別好發於愛情鳥，發情後會出現呼吸困難的症狀。高脂血症是人類也有的疾病，也就是血液變得黏稠的狀態。血壓上升與高脂血症持續下去，則會引發**「動脈硬化」**或**「心血管疾病」**。

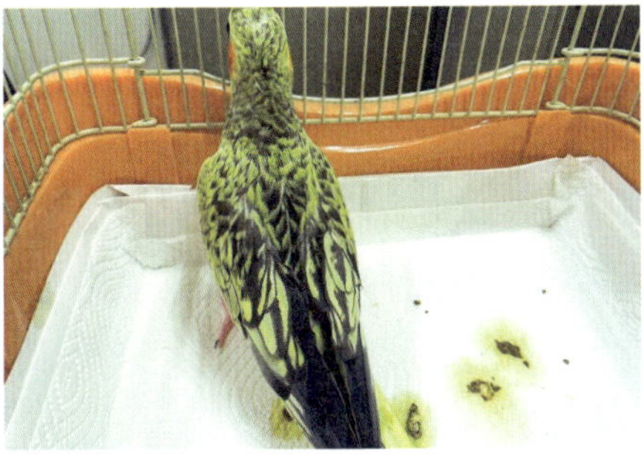

肝臟疾病、高脂血症引起的羽毛變色

圖中玄鳳鸚鵡的淡黃色羽毛顏色變深了。由於含有黑色素，原本身上就有黑色羽毛，所以變色後往往不易察覺，常常被忽視。

肝臟疾病、高脂血症引起的出血斑

鳥喙狀態因病劣化，出現深褐色斑點。這是在鳥喙的角蛋白形成時混入血液所致，症狀惡化的話，鳥喙會開始變長。

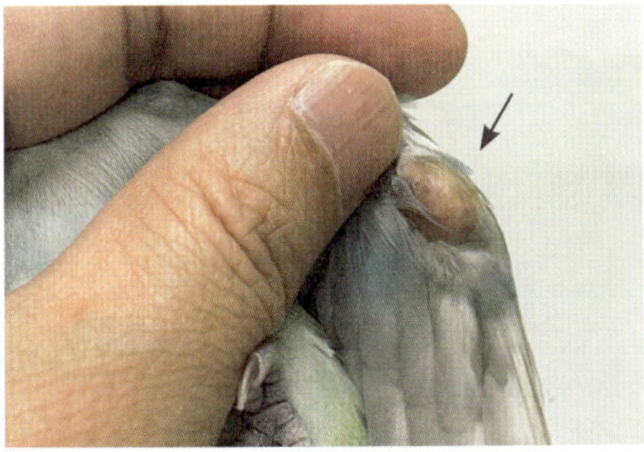

翅膀上的黃色瘤

桃面愛情鳥的腕關節內側形成了黃色瘤，這種腫塊會逐漸變得肥大。

母鳥發情後常見的生殖系統疾病

母鳥發情或腹內有卵時，腹部會變大，但遲遲未產卵或腹部異常腫大，可能是罹患了生殖系統疾病。在此為各位介紹發病率高的生殖系統疾病。

【腹部疝氣】

原因 腹肌斷裂，腸子或輸卵管在皮下突出。因為和發情有關，常見於反覆發情的母鳥。

發情的母鳥因為腹部有卵，腹肌鬆弛，恥骨間距會變寬。這時候，拉長變薄的腹肌會變得脆弱，在下腹的恥骨之間斷裂。即使腹肌斷裂，下方還有肝後中隔這層膜，肝後中隔會拉開形成疝囊，呈現內臟在皮下突出的狀態。於是腹部變大，拉開的皮膚變黃變厚。

症狀 腹部變大。變大的部分變成黃色瘤，在腹部形成黃色腫塊。

治療 必須進行疝氣修補手術。即使不動手術，鳥兒依然健康，所以有些醫院會採取觀望的態度，但病程拖長若惡化將導致修補困難，建議盡早考慮動手術。

【輸卵管蓄卵材症（輸卵管堵塞）】

原因 輸卵管內蓄積卵材（造卵材料）的疾

病。排卵後，沒有成為正常卵的卵子停滯在輸卵管內，之後又排卵，分泌卵白儲存在輸卵管內引發疾病。卵材從輸卵管外漏至腹部，會併發卵黃性腹膜炎。

症狀 腹部腫脹。卵材量增加，輸卵管膨大，腹部也跟著腫脹。

治療 動手術摘除卵材與輸卵管。

【卵黃性腹膜炎】

原因 排卵的卵黃未進入輸卵管內，落入腹內，卵黃附著在腹膜或腸壁的漿膜層引起發炎。只有卵黃引起的發炎是無菌性，但從輸卵管往上蔓延的上行性或經由血液循環的血行性會感染細菌。

症狀 若是慢性的無菌性發炎通常無症狀，但卵黃量變多，引起細菌感染的話，會因為急性發炎產生腹水，使得腹部腫脹。

治療 可使用消炎劑或抗生素緩解症狀，若對治療無反應，就要透過開腹手術去除腹部的卵材。輸卵管內也有卵材的話，就要摘除輸卵管，洗淨感染部位。

【泄殖腔脫垂】

原因 無論輸卵管口有無張開，鳥兒要產卵時都會憋氣用力，使得泄殖腔翻轉、和卵一起脫出，這種狀態稱為泄殖腔脫垂。

症狀 泄殖腔的黏膜外露，臀部出現紅色突出物（內臟）。

在家中發現的話 脫出的內臟乾燥壞死恐致命，為避免黏膜乾燥，可塗抹凡士林或皮膚藥膏，並盡速就醫。

治療 將在輸卵管口看到的卵殼鑽孔，抽吸內部，接著弄破卵殼，從輸卵口慢慢取出，最後把泄殖腔的黏膜塞回臀內。若是憋氣用力導致黏膜脫出的情況，為了不影響日後的排便，要寬鬆縫合排泄孔。

【輸卵管脫垂】

原因 產卵時，輸卵管口鬆弛，導致輸卵管翻轉脫出。

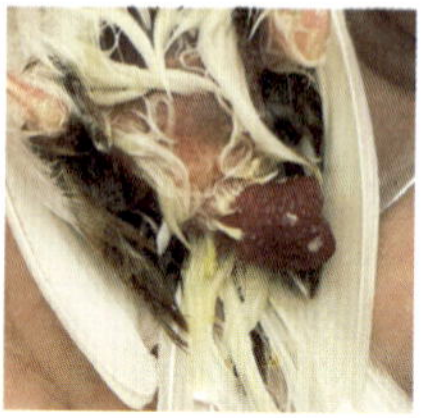

症狀 紅色黏膜腫脹脫出。

在家中發現的話 脫出的內臟乾燥壞死恐致命，為避免黏膜乾燥，塗抹凡士林或皮膚藥膏，並盡速就醫。

治療 將脫出的黏膜洗淨，塞回臀內。為了不影響日後的排便，要寬鬆縫合排泄孔。

通常輸卵管脫垂是子宮部翻轉脫出，若是上方的輸卵管重疊引起輸卵管脫垂，即使將脫出的輸卵管塞回臀內也無法修補，必須動手術摘除輸卵管。

【卵巢、輸卵管腫瘤】

好發的鳥種 小型鸚鵡，特別是虎皮鸚鵡。

原因 目前尚未有明確的原因，可能是慢性發情所致。

腫瘤的種類 腫瘤的形狀有兩種：實質腫塊（固體團塊）形成的「實質固態瘤」，以及液體積聚的「囊狀腫瘤」，有時是兩種混合。

診斷 進行X光檢查與超音波檢查，確認有無腫瘤或囊瘤。

症狀 有腫瘤的話，腹部會腫脹，壓迫呼吸系統，導致呼吸困難。

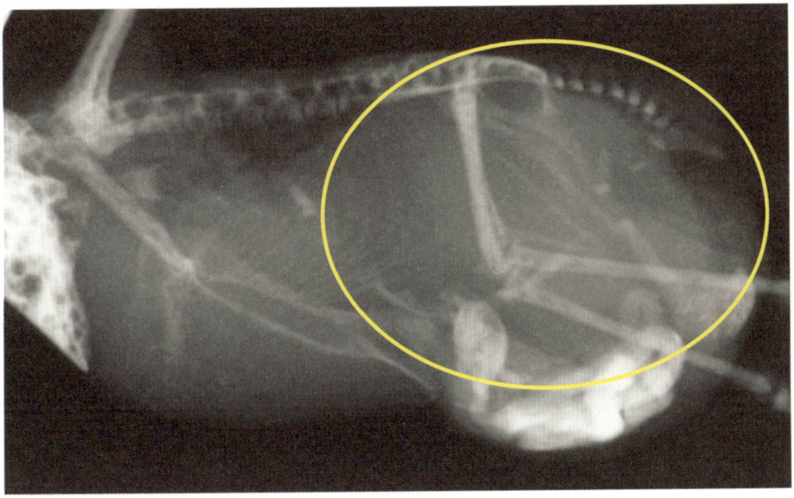

罹患卵巢腫瘤的虎皮鸚鵡的消化道X光片。圈內部分是卵巢腫瘤，下側的腸胃受到壓迫。

治療 摘除手術、抗癌藥物治療、免疫治療

若是實質固態瘤，通常會粘連（adhesion，又稱沾黏），難以摘除。若是囊狀腫瘤，清除液體就會變小，只要沒有粘連就能摘除。欲知有無粘連，必須進行開腹手術做確認。摘除的腫瘤組織可以進行抗癌藥物敏感性試驗（腫瘤藥敏測試），根據摘除後的檢查結果，也能進行抗癌藥物治療。鳥類因為無法進行靜脈注射，只好使用可內服的標靶治療藥。有別於抗癌藥物，這是只對腫瘤細胞產生作用，副作用相對較少的藥物。

假如不想動手術或使用抗癌藥物，可進行免疫治療。免疫治療是藉由賦活免疫的β-葡聚醣或脂多醣（LPS）達到抑制腫瘤的效果，但鳥類的腫瘤成長速度快，通常不會有太大的效果。

卡蛋（挾蛋症）

卡蛋是母鳥發情後可能罹患的疾病之中，緊急性高、容易危及性命的疾病。因為是無法順利產卵所致，經常在家中發生，飼主必須迅速應對。

I 卡蛋的原因

原因分為❶產道未鬆弛、❷輸卵管未收縮、❸產卵時沒有出力、❹卵形成異常（發育不全）等。

❶產道未鬆弛

這種情況是產卵時無法放鬆所致。通常母鳥產卵是在溫暖的時期、安全的巢穴內進行，若產卵時氣溫低或場所無法令母鳥安心，交感神經會變得活絡，使得產道難以鬆弛。此外，過去產卵時，輸卵管口（輸卵管通往泄殖腔的開口部分）曾受損變硬或阻塞的話，也可能導致產道無法鬆弛。無法憋氣用力的母鳥，產道也不會順利打開。母鳥為了產卵會藉由憋氣用力對輸卵管口施壓，體內於是分泌誘發輸卵管口鬆弛的荷爾蒙（前列腺素Ｅ２）。

❷輸卵管未收縮

這是相當於人類沒有發生陣痛的狀態。當母鳥腹內有卵後，會分泌兩種荷爾蒙（血管加壓素與前列腺素Ｆ２α），使得子宮部（殼腺）收縮，引發蠕動讓卵移動至陰道。因為缺鈣或某種原因，即使有卵，子宮部卻未接收到信號，所以沒有發生陣痛。

❸產卵時沒有出力

因過度產卵或缺鈣引起低血鈣症，母鳥的身體會無法出力。要活動肌肉必須有鈣質，形成卵殼時會消耗鈣質，產卵時若缺鈣，就無法順利產卵。

❹卵形成異常（發育不全）

缺鈣無法形成卵殼，或是不缺鈣卻因為子宮部異常無法形成卵殼，所以無法產卵。此外，沒有卵黃、卵太小或太大、卵變形也會導致無法產卵。

Ⅱ 卡蛋的症狀

一般的症狀是腹部腫脹，即使憋氣用力好幾次，仍未產卵。如果有強烈的腹痛，鳥兒會澎毛、食慾下降。若是引發低血鈣症的情況，鳥兒澎毛後會變得虛脫無力。不過，有些母鳥腹中有卵卻不憋氣用力，或身體狀況沒有變差。這時候，觸摸鳥兒腹部確定有卵的話，倘若過了一天仍未產卵，即可判斷為卡蛋，應帶鳥兒就醫。

Ⅲ 卡蛋的治療方法

治療方法有兩種：①壓迫擠出、②外科手術摘除。有些醫院對於即使壓迫也擠不出卵，或卵在腹中破裂的情況，會採取觀望的處理方式，如果超過一天的話，這種處理方式會很危險。因為產道閉鎖會讓卵無法排出，引起卵黃性腹膜炎，請盡快接受第二意見諮詢。

❶壓迫擠出

如果是產道鬆弛剛卡蛋的情況，可進行壓迫排出。用手保定鳥兒，以手指壓迫腹部，將卵朝排泄孔的方向推擠。這麼一來，從排泄孔就可以看到輸卵管口，若輸卵管口鬆弛看得見卵的話，就能擠出。

這時候，如果輸卵管口未充分放鬆，就在卵殼上鑽孔，抽吸卵黃和卵白，再把輸卵管內的卵殼弄破取出。不過，如果輸軟管口完全未鬆開，進行壓迫無法擠出卵，則必須動手術。進行壓迫時要注意，若是卵殼未完全成形的狀態，壓迫時可能會在輸卵管內破裂。卵黃或卵白在輸卵管內流出，從輸卵管逆流至腹腔內，會引發卵黃性腹膜炎，此時必須盡快動手術。此外，也有因為逆蠕動使得卵從輸卵管落入腹內（墜卵性腹膜炎，Yolk peritonitis）的情況，所以仔細確認能否按壓鳥兒腹部也很重要。

❷外科手術摘除

卵無法擠出或卵在輸卵管內破裂的話必須動手術，對鳥兒施以全身麻醉，透過開腹手術摘除卵。體力尚有餘裕的鳥兒，為避免再次形成卵，也會摘除輸卵管。因為無法摘除卵巢，即使摘除了輸卵管

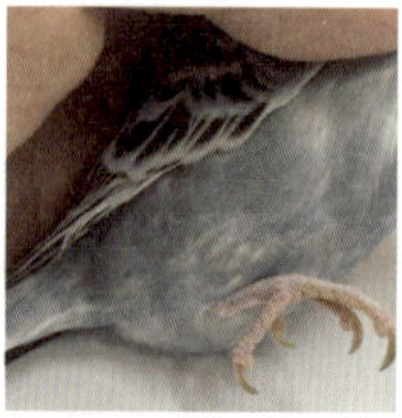

腹部變大卻不產卵的母虎皮鸚鵡，判斷為卡蛋後，在醫院進行壓迫排出（請掃描QR碼觀看影片）。

仍會發情，必須繼續抑制發情。

因為卡蛋要就醫前，飼主能夠做的事

飼主在家中能夠做的事，就是讓鳥兒靜養與保暖。因身體變冷無法產卵的話，只要身體變暖和，副交感神經變得活絡，產道就會容易鬆開。理想狀態是籠內溫度30℃、濕度50％，但要留意鳥兒是否覺得熱。開始保暖後，若鳥兒有精神、有食慾，先觀察情況一天，還是沒有產卵的話，再帶到醫院。假如進行保暖仍未恢復食慾或精神，請盡早就醫。

要是鳥兒沒食慾，可以餵牠喝加熱過的運動飲料。削些墨魚骨讓鳥兒補充鈣質，牡蠣殼粉的鈣質吸收率較差，無法迅速補充鈣質。若是無法接受水分和鈣質，或是出現虛脫無力的情況，請盡速就醫。

鳥兒卡蛋時不能做的事

隨便用自己的方式幫鳥兒排出卵是非常危險的事。當鳥兒腹痛時，無法順利保定會讓牠們產生強烈的壓力。因過度產卵而骨質密度變低的鳥兒，還可能會骨折。

此外，過去的養鳥書籍曾寫到，可以在蜂蜜裡加葡萄酒餵鳥兒喝，但這個方法其實沒什麼效果。

用油灌腸也是常見的方法，但無法產卵是因為體內更深處的輸卵管口沒有張開，光是用油灌腸，是無法潤滑產道的。

公鳥發情會罹患的相關疾病

❶ 繁殖慾

公鳥在適合的環境下會持續發情，因為性衝動比母鳥強烈，容易慾求不滿（性挫折），因壓力出現羽毛破壞行為或自殘，變得具攻擊性。也會因為嫉妒或慾求不滿，對伴侶變得很有攻擊性。交配行為（自慰行為）

公鳥繁殖的相關疾病

適合發情的環境

↓

慢性發情

繁殖慾

- ○慾求不滿（性挫折）
- ○交配排血便、破壞羽毛
- ○變得具攻擊性
- ○羽毛破壞行為
- ○自殘
- ○交配行為（自慰行為）

生殖系統發育

- ○睪丸腫瘤
  - ・年輕的虎皮鸚鵡會罹患這種疾病。
  - ・日本鶴鶉也是很年輕就會罹患這種疾病。

次數變多，有時導致泄殖腔內的黏膜破損排血便，或是磨破臀部周圍的羽毛。

② 生殖系統發育

野生公鳥的睪丸在非繁殖期會自然變小，但多數寵物鳥的公鳥，睪丸經常處於發情、發育的狀態。基本上，公鳥的生殖系統疾病就是睪丸腫瘤，有時也會出現囊腫，罹病鳥種大部分是虎皮鸚鵡，其次是日本鵪鶉。其他鳥種的年輕公鳥罹患睪丸腫瘤，是相當罕見的事，但睪丸腫瘤也好發於高齡的玄鳳鸚鵡。

罹患睪丸腫瘤的原因或責任並非來自飼主，因為無論再怎麼費心留意，也無法透過環境或飼養方法制止公鳥發情，這應該是公鳥天生容易有腫瘤的體質所致。公鳥即使發情，血液性狀（血球、血糖等血液成分的狀態）也沒有變化，對腎臟或肝臟、心血管不會造成影響，相較於母鳥，罹患生殖系統疾病的機率非常低。

公鳥發情後常見的生殖系統疾病

【睪丸腫瘤】

好發的鳥種 虎皮鸚鵡

腫瘤的種類 睪丸腫瘤有好幾種，支持細胞瘤（sertoli cell tumour）、精原細胞瘤（spermato-cytic seminoma）、間質細胞瘤（leydig cell tumor）、淋巴瘤、畸胎瘤（teratoma）等。

其中，以支持細胞瘤占最多。支持細胞瘤是因為體內分泌女性荷爾蒙的雌激素，使得蠟膜雌性化，顏色變暗沉，轉為褐色。精原細胞瘤也會出現蠟膜顏色的變化，但其他腫瘤不會出現蠟膜的變化。

原因 年輕的虎皮鸚鵡罹患睪丸腫瘤的原因尚不明確，可能是因為經常發情，處於睪丸發育的狀態所致，但其他種類的年輕公鳥並不會罹患這個疾病。所以有此一說是，虎皮鸚鵡帶有容易罹患腫瘤的遺傳因素。

診斷 透過X光檢查，確認睪丸的腫瘤化。即使腫瘤化，睪丸也不會馬上變大，可能是維持發情時的大小，或是變小。

此外，當蠟膜顏色稍微出現變化時，經常是睪丸處於腫瘤化的狀態，透過X光檢查，可以發現因雌激素影響形成的髓質骨。公虎皮鸚鵡的髓質骨通常是從肱骨和橈尺骨開始形成，也會變成多骨型骨質增

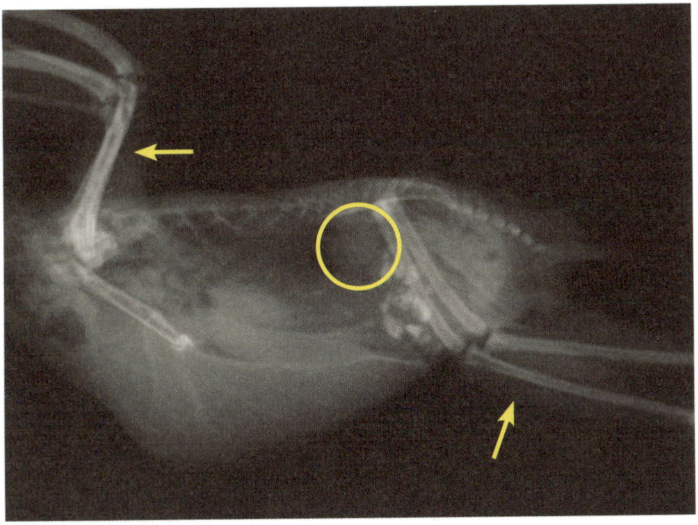

罹患睪丸腫瘤的虎皮鸚鵡的X光片，圈內的部分是睪丸。雖然發現有髓質骨（箭頭處），睪丸腫瘤化的可能性很高，但圖中顯示尚未變大。

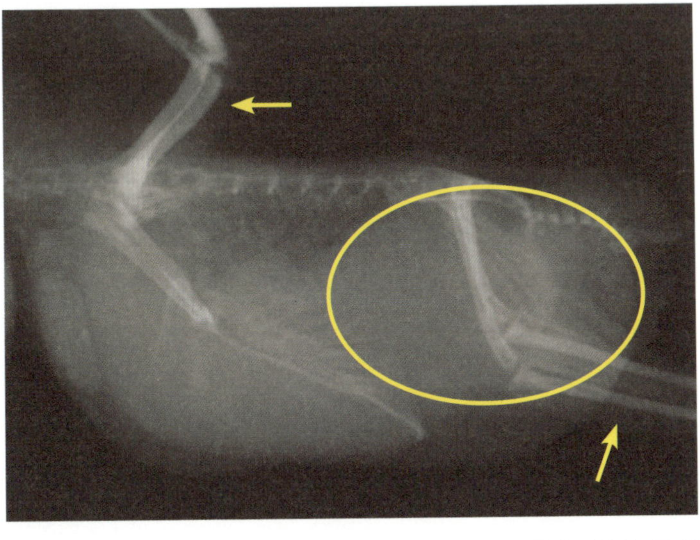

另一隻罹患睪丸腫瘤的虎皮鸚鵡的X光片，圈內部分是變大的睪丸腫瘤。因為發現有髓質骨（箭頭處），可能是支持細胞瘤。

生。睪丸何時開始變大並沒有固定的時間，有些鳥兒過了好幾年都沒有變大，有些鳥兒則一下子就變大了。

治療 摘除手術、抗癌藥物治療、免疫治療等。

若以痊癒為目標，就需要進行摘除手術。腫瘤最大徑在15公釐以內可考慮動手術，存活率約70%。腫瘤越大，存活率越低，尤其是最大徑超過15公釐的話，存活率相當低。手術最大的風險是出血，有時可能會需要輸血。摘除的腫瘤組織可以進行抗癌藥物敏感性試驗（腫瘤藥敏測試），根據摘除後的檢查結果，也能進行抗癌藥物治療。

腫瘤較小且不想動手術時，可進行免疫治療，藉由賦活免疫的β-葡聚醣或脂多醣（LPS）達到抑制腫瘤的效果。有些醫生會用泰莫西芬（請參閱158頁）對鳥兒進行投藥，這是為了緩和雌激素的影響，但目前尚未確認泰莫西芬對抑制睪丸腫瘤是否有效。

Column

飼主的煩惱諮詢問答

雖然我家鳥寶現在很健康，但我很擔心牠會像人類一樣生病，尤其是需要進行開腹手術的情況，飼主應該如何做好因應那種情況的心理建設或準備呢？

（來自灰鸚鵡♀的飼主）

可以不動手術是最好的事，話雖如此，當那種情況突然來臨時，飼主必須立刻做出重大決定。

這時候，有些飼主會因爲擔心鳥兒喪命，無法冷靜做出判斷，或是變得感情用事而聽不進醫師的說明。因爲覺得鳥兒可憐，即使是動手術就能治好的疾病，也遲遲做不了決定，抱持觀望態度，結果導致病情惡化。

飼主能夠做到的心理準備，就是在必須做決定的緊急時刻，能夠聚焦在「現在我能做的事是什麼」。不要被自己的臆測或害怕失去鳥兒的恐懼干擾，重要的是冷靜思考對眼前的鳥兒來說，什麼才是適當的處理方式。面對突如其來的狀況，無法冷靜思考是很正常的事。既然各位已經翻閱本書，可以試著先進行想像訓練：「當心愛的鳥寶遭遇這種情況，我該怎麼做？」，幫助自己做好心理準備。

冷靜思考是否要動手術，向獸醫詢問診斷病名、治癒率、手術存活率、預後（預估疾病將來的進展和結果）、費用等作爲參考依據也很重要，請和家人充分商量後做出決定。不過，鳥兒的診療相當困難，診斷或預後評估依醫院而異，設備或手術技術、經驗、存活率也各不相同。若是緊急性較低的疾病，飼主在充分理解認可之前，可以向獸醫尋求說明，也可積極進行第二意見諮詢。

飼主提問專區

SPECIAL COLUMN

Q 鳥寶從幾歲開始必須進行抑制發情呢？

A 鳥兒長大了就要開始進行。

當鳥兒到達性成熟年齡（年齡請參閱附錄）就要準備進行，請先從第3章介紹的飲食控制的第一步「確認進食量」開始。

Q 何時開始進行抑制發情比較好呢？

A 隨時都可以。

日常生活中，只要發現鳥寶出現發情行為或徵兆，就可以開始進行。若已達性成熟年齡，隨時都可以。閱讀本書後，察覺到「這是發情的徵兆啊」的時候也可以進行。無論是在哪種狀態下進行，都會產生效果。

Q 請問發情程度強或弱的特徵為何？

A 強弱的標準因鳥而異。

多數飼主飼養的是人工繁殖的鳥兒，因為是遺傳上繁殖率較高的個體所繁殖的後代，所以會有容易發情的體質。雖然未必每隻鳥兒都是如此，也會有發情程度弱或完全不發情的鳥兒，但無法從外觀判斷。請尊重鳥兒天生的特性，即使發情程度較弱，也不需要擔心。

Q 為什麼鳥寶發情會變得凶暴？

A 那是為了守護鳥巢與雛鳥。

鳥兒因為發情變得暴躁、具攻擊性，這是其來有自。

野鳥的繁殖經常伴隨障礙或危險，雖然依種類而不同，要確保巢穴就必須與同類競爭，和伴侶同心協力戰勝同伴，獲得安全的巢穴。確保巢穴後，必須在一定的期間內留在巢內育雛，在這段期間往往會有被敵人襲擊的風險。生活在這樣的狀態下，發情中的鳥兒會變得神經質、具攻擊性。

此外，將人類視為伴侶的鳥兒，也會對人類尋求伴侶該有的行為。然而，不管我們再怎麼努力，也無法取代鳥兒的伴侶。因為不了解發情的鳥兒渴求的行為或討厭的行為，反而會讓牠們變得更焦躁。因此，即使是被當作伴侶、已建立良好關係的人，在鳥兒嚴重發情的時候也會被咬。

Q 如何分辨公鳥的發情行為與單純的興奮反應呢？

A 以鳥兒特有的發情行為做判斷。

公鳥的發情行為是求偶行為，也就是處於性興奮的狀態。如果要和開心、憤怒等平常的興奮反應做區分，有無鳥兒特有的求偶行為是關鍵，這個部分請參閱附錄。以公虎皮鸚鵡為例，若是發情行為，瞳孔會縮小、頭部或臉頰的羽毛變得蓬鬆、用鳥喙戳啄、頭部上下擺動。這些行為只在性興奮的時候才會出現。虎皮鸚鵡開心時會張開翅膀，發出呼喚，憤怒時會全身逆毛，張口威嚇或啃咬。

Q 要制止鳥寶磨屁股嗎？

A 若是鳥兒自發性的行為沒關係，但飼主不可以誘導牠們那麼做。

看到鳥兒磨屁股，許多飼主為了制止牠們會拍打鳥籠，或是出聲叫喚轉移注意力。但這麼做並沒有抑制發情的效果，只會讓鳥兒產生壓力。

鳥兒的發情行為是因為身體處於發情狀態，因而做出那樣的行為。應該是鳥兒的周遭有讓牠們做出那種行為的視覺、聽覺或觸覺的刺激來源。找出那個原因，不要給予刺激是很重要的。

如果鳥兒主動靠近飼主的手或手指磨蹭，遇到這種情況除非射精，否則不要制止。因為鳥兒正處於想交配的狀態，強迫牠們停止想做的事，會讓牠們感到失望，產生很大的壓力。

切記，飼主不要主動誘導鳥兒做出發情行為。發現鳥兒想要磨屁股，就縮回伸出的手或手指，別讓牠們那麼做。若是鳥兒自發性的磨蹭沒關係，但飼主絕對不要誘導牠們那麼做。

Q 為什麼鳥寶單獨在籠內會反覆磨屁股？

A 應該是籠內有發情對象物。

若沒有與人互動，鳥兒在鳥籠內做出發情行為，應該是鳥籠內有什麼東西導致牠們這麼做。如果造成刺激的物品是鳥兒喜愛的東西，就將其撤除，假如是棲木，就試著改變擺放的位置。

Q 公鳥磨屁股時該怎麼辦？

A 這個行為難以完全制止。

抑制鳥兒發情的基本對策是飲食控制，但完全制止牠們磨屁股是很難做到的事。方法如前所述，不要給予牠們想要磨屁股的刺激，或是讓牠們有可以磨屁股的時間。即使在野外，母鳥也不會經常接受公鳥的交配。感到抗拒的時候會抗拒，想接受的時候就會接受。不過，完全不讓牠們做的話，可能會讓壓力變大。

Q 可以和鳥寶一起跳求偶舞嗎？

A 若是鳥兒自發性的行為沒關係，絕對不要主動誘導牠們那麼做。

這件事和磨屁股相同，如果是鳥兒自發性的這麼做就沒關係，飼主不可以誘導牠們做。跳舞是多數鳥兒以交配為前提，由公鳥向母鳥提出邀約的行為，並非想跳舞才跳，是因為想交配而處於性興奮的狀態。飼主誘導牠們那麼做，可能會引發性衝動。

不過，並非所有的跳舞都不可以，只要不是求偶舞，飼主可以踴躍參與。一起活動身體，配合飼主的歌聲或音樂打節拍。當鳥兒透過跳舞或鳴唱表達發情以外的喜悅時，請與其同樂，鳥兒會感受到加倍的喜悅。

Q 母鳥之間的跳舞也是發情嗎？

A 沒錯。

以文鳥為例，母鳥發情的時候也會蹦蹦跳跳，跳起求偶舞。通常是公鳥先跳舞，但母鳥單獨跳舞的話，另一隻母鳥也會跟著起舞。

Q 公鳥的發情到哪種程度，要採取抑制對策？

A 輕度的發情就隨牠去。

以公鳥的情況來說，輕度發情時，可以保持觀望。如果是季節性的短暫發情，可以等待牠們自行停止。發情程度的強弱是以求偶行為、反芻吐料、交配行為的頻率來判斷，一天出現數次是輕度，若出現頻繁且偏執的發情行為，就是強烈的發情。從醫學角度來看，睪丸發育就必須進行抑制發情，如果在醫院接受檢查，鳥兒的睪丸尚未發育，就不必太在意牠們的發情行為。

Q 很會說話的公鳥容易罹患睪丸的疾病嗎？

A 姑且不論罹病機率，但有發情程度強烈的傾向。

說話能力的優劣有個體差異，很會說話的公鳥未必就容易罹患睪丸的疾病。不過，發情程度強烈的公鳥通常很會說話，但抑制發情的方法並不是限制說話，而是靠飲食控制。

Q 如何區分公鳥的發情吐料和生病的嘔吐？

A 吐出的對象是關鍵。

發情吐料是求偶行為的一環，通常會對著棲木或手指等目標物反芻吐料，牠們會將吐出的飼料又吃回去。如果是生病的嘔吐，不會朝著目標物，而是會突然嘔吐，然後用力地左右甩頭，甩出口中殘留的飼料，所以會弄髒頭部的羽毛。吐完之後會閉上眼，看起來很不舒服。

Q 鳥寶吃掉吐出的飼料沒關係嗎？

A 沒關係。

吐完馬上吃掉是很正常的事，但若是吃掉已經吐了一陣子的飼料就不太好。因為可能會有細菌或黴菌滋生，別讓牠們吃下去，最好盡快清掉吐出的飼料。

Q 我家鳥寶從每天吐好幾次減少至兩、三天吐一次，怎樣的頻率才是理想目標？

A 這樣的狀態已經頗有成效。

理想目標是完全不吐，但那必須完全制止鳥兒發情。在家中很難做到讓公鳥完全停止發情，如果是從每天吐好幾次減少為兩、三天吐一次，已經是頗有成效，可說是發情減緩的狀態。之後請持續進行抑制發情，避免鳥兒恢復原狀。

Q 我家鳥寶到現在還沒生過蛋，這表示牠的身體不健康嗎？

A 不生蛋最好。

常常有飼主問我「鳥兒生過蛋比較好吧」、「讓鳥兒趁年輕的時候生蛋比較好吧」，老實說因為沒有相關的參考資料，關於這點，我無法明確答覆。但根據我的診療經驗，讓母鳥趁年輕的時候生蛋，未必就不會發生卡蛋的情況，而且老化也會發生卡蛋。從醫學的角度來看，無論是無精卵或受精卵，不生蛋確實比較不會造成母鳥的身體負擔。

Q 如何盡快發現鳥寶腹內有蛋？

A 體重突然增加便是徵兆。

鳥兒腹部隆起的話，觸摸腹部確認有沒有卵是最確實的方法（請參閱46頁）。不過，多數飼主無法好好保定鳥兒觸摸腹部，所以體重突然增加是重要的指標。當鳥兒腹內有卵時，體重會突然上升5～10％左右。以虎皮鸚鵡為例，前一天的體重是40g，隔天會突然增加至43g。

Q 讓鳥寶進行覓食活動，但牠毫無興趣。

A 慢慢練習，循序漸進。

讓鳥兒嘗試覓食活動，但牠未必有興趣去做。鳥兒也有自己的喜好，有時會對新事物感到恐懼。理想做法不是讓牠們對我們選擇的物品產生興趣，而是分析鳥兒平時的行動或喜好，準備各種物品讓牠們挑選。有些鳥兒使用覓食玩具會玩得很順手，但有些鳥兒卻做不到。這時候請好好指導牠，讓牠逐漸適應。飼主慢慢教導，耐心等待鳥兒熟悉，彼此一起逐步成長很重要。為了讓鳥兒不害怕新事物，可以讓牠們在小時候多看或接觸各種物品累積經驗。

Q 鳥寶在放風時間總是對著鏡子或不鏽鋼的物品反芻吐料，不和其他鳥寶一起玩。

A 為牠尋找其他樂趣。

身邊有其他鳥兒卻不一起玩，可能是在雛鳥時期被獨自飼養所致。而且，對那隻鳥兒來說，會發光的物品可能是超常刺激，更加吸引牠。至於不斷地持續吐料，是鳥兒打發時間的行為。要讓鳥兒停止吐料，可以把造成刺激的物品藏起來，進行飲食控制，利用空腹的飢餓感，拿喜歡的食物引誘牠運動。具體做法像是：出聲叫喚「過來這裡」，等牠飛來之後，給一顆飼料，再移動、再給飼料。首先讓鳥兒活動身體，使牠慢慢地對其他事物產生興趣。讓鳥兒記住除了反芻吐料，還有其他有趣的事。

Q 發情中的鳥寶，該讓牠玩怎樣的遊戲呢？

A 比起玩遊戲，最好進行不具刺激的溝通。

發情中的鳥兒，比起玩樂，更想進行和繁殖有關的行為。玩樂本來就是沒事可做的時候才會有的行為，一旦有了和繁殖有關的任務，鳥兒就會把玩樂擺在一邊。因此，比起玩樂，不具刺激的溝通更重要（請參閱130頁）。

Q 老化就會停止發情嗎？

A 沒辦法。

母鳥不像人類會停經，即使壽命過了一大半，發情的頻率或程度也不會有太大改變。但老化之後，發情的頻率或程度有減少的傾向。不過，個體差異頗大，即使上了年紀，有些母鳥仍會產卵，有些公鳥仍會磨屁股。發現鳥兒的發情行為時，不要因為牠已經老了就放心，必須持續進行抑制發情。老年期的抑制發情對策基本上和年輕的時候一樣，但要留意避免溫度太低。鳥兒上了年紀，自律神經作用會衰退，一旦身體變冷，無法馬上讓體溫升高，身體狀況就會變差。

就算老化也能進行飲食控制或荷爾蒙治療藥的治療。不過，切勿勉強鳥兒。

Q 我家的高齡鳥寶生下無殼卵，我有餵牠吃墨魚骨補充鈣質，這樣做可以嗎？

A 透過飲食未見改善的話，可以試著用荷爾蒙治療藥。

鳥兒已攝取鈣質卻生下無殼卵，可能是輸卵管功能障礙所致。光靠飲食，改善程度有限。若在無法形成卵殼的狀態下持續產卵，鳥兒可能會有卡蛋的危險，最好盡早使用荷爾蒙治療藥制止發情。

Q 要制止鳥寶交配嗎？

A 請勿干涉。

看到鳥兒開始交配，請不要出手制止。因為牠們已經在發情才會交配，鳥兒並沒有錯，不要做出降低鳥兒生活品質的行為。也許有些人會覺得生下受精卵很麻煩，但這只是人類的自私。讓鳥兒生長在這樣的環境，飼主必須負起責任。而且，鳥兒交配或產卵表示太晚進行抑制發情，所以才會發生那樣的結果。無論是公鳥或母鳥，請確實進行飲食控制。

Q 沒有吃卻變胖，該怎麼辦才好？

A 讓鳥兒運動吧！

野鳥無法經常獲得充足的食物，所以牠們的身體容易進入生存模式。於是，身體分泌大量的皮質類固醇（皮質酮，又稱壓力荷爾蒙），使身體容易儲存脂肪，然後降低活動量，啟動維持生命的本能。若要突破這個本能，只能增加運動量。透過運動消耗熱量、增加食量，就能抑制皮質類固醇的過度分泌。

Q

獨居的我因為要工作，每天只能早晚餵鳥寶一次，晚上那餐牠總是吃得狼吞虎嚥，我很擔心。請問空腹時間大概幾小時才不會有問題呢？

A

八至九小時沒問題。
為鳥兒測量體重，做好健康管理。

假設是早上八點出門時餵一次，傍晚五點回家後再餵一次的情況。鳥兒的身體不會馬上消化吃下肚的食物，會先囤積在嗉囊，使其軟化變得容易消化。以虎皮鸚鵡為例，食物從嗉囊移往消化器官，1g約需一小時。早上餵2g的話，約兩小時後才會從嗉囊移入胃內。在胃內消化，變成空腹狀態約需三至四小時。若是這樣的速度，中午再餵一次比較好，但餐與餐之間空出一段時間，鳥兒也不會馬上空腹餓死。如果鳥兒能夠維持體重，保持健康狀態，一天只餵兩次也不需要太擔心。

野鳥是在傍晚日落前進食，在隔天早晨來臨前的夜間不會進食，當然白天覓食的時候會稍微吃一些，但夜間的八至九小時本來就不會進食，所以沒關係。

不過，如果飼主時間上方便，建議中午也餵一次，可減輕鳥兒的空腹感或晚上狼吞虎嚥的情形。一天只能餵兩次的話，每天務必測量體重，做好健康管理。

Q 進行飲食控制的同時，有什麼方法可以增加飲食變化嗎？

A 這是嘗試變化的大好機會。

進行飲食控制的初期，鳥兒會肚子餓。這時期的鳥兒對食物會變得興趣大增，正是讓牠們嘗試各種食物的好機會。若家中鳥兒有偏食的情況，可以趁此機會讓牠嘗試健康的飲食。如果原本只吃種子飼料的話，可以試著讓牠吃滋養丸。

Q 進行飲食控制的期間，可以餵鳥寶吃水果等糖分較高的食物嗎？

A 當然可以。

有些人強烈反對餵鳥兒吃水果，可是若能維持目標體重，餵水果並無大礙。這麼做反而能增加鳥兒進食的樂趣，感受到和飼主吃相同食物的喜悅。尤其是果食性鳥類，水果是牠們的必需食物。時常觀察體重，調整餵食量就沒問題。

Q 因為在進行飲食控制，鳥寶餓到連種子的殼都吃掉了……。

A **也許鳥兒適合吃滋養丸。**

吃掉種子的殼，對鳥兒的身體不會造成影響，但殼無法提供熱量且纖維較多，如果鳥兒會全部吃掉的話，盡可能把殼去掉比較好。要是鳥兒會餓到連殼都吃掉，可以試試看讓牠吃滋養丸。

Q 我家鳥寶的體重在正常範圍，但牠的體型略小，真的可以進行飲食控制嗎？

A **能夠維持適當體重就沒問題。**

即使個頭小，如果能夠維持適當體重，那就可以進行飲食控制。不過，以為「這樣的份量應該能夠維持體重吧」而長期不測量體重的話，往往會等過了一段時間量體重，才發現鳥兒變瘦或變胖許多，所以要格外留意。

Q 鳥寶的發情和換羽同時發生，我該怎麼辦才好？

A 考慮使用荷爾蒙治療藥。

野鳥的換羽是在繁殖期的前後發生，通常發情和換羽不會同時發生。但人工飼養的公鳥在發情期間也會換羽，這是常見的事，不需要擔心。不過，如果是母鳥的話，可能是荷爾蒙失調，應該考慮使用荷爾蒙治療藥抑制發情。鳥兒在換羽期，蛋白質的需求量會增加，若鳥兒只吃種子飼料，可以用豆粕或乾燥酵母等增加蛋白質。若是吃滋養丸，可給予柔油布殊的Breeder滋養丸或哈里森的High Potency（請參閱70頁）。

Q 家中養了多隻文鳥，我發現母鳥聽到跟牠感情不好的公鳥啼鳴時，似乎也會有反應。

A 鳥兒即使聽到討厭的公鳥的歌聲，也會發情。

聽到公鳥的歌聲，即使不是伴侶，對母鳥來說也是一種發情的刺激。野鳥是群居生活，即使各有地盤，由於生活在相同地區或環境，周遭如果有發情鳴唱的公鳥，就表示進入繁殖期了。飼養多隻寵物鳥也會發生相同的情況。若是飼養多隻的情況，不是只針對其中一隻進行抑制發情，對於造成刺激的公鳥也要進行飲食控制抑制發情。

Q 鳥寶平時不會站在我的手上，因為發情才和我拉近距離。這種情況下還能抑制發情嗎？

A 重視彼此的情誼，進行飲食控制。

若已將飼主視為伴侶，無法輕易切斷彼此的情誼。在互為伴侶的狀態下，請維持往常的溝通，重視彼此的關係。不必改變相處方式，以飲食控制抑制發情。

Q 家中鳥寶對於生下的蛋毫無興趣，看到的時候還會氣到驅趕。

A 請接受鳥兒的個性。

這樣的行為沒問題，不需要在意。野鳥也會有對鳥蛋沒興趣的情況。請接受鳥兒的個性，如果發現牠看到蛋會有「這是什麼！」的生氣反應，請盡早撤除。

Q

鳥寶對著棲木磨屁股，臀部周圍的毛都掉光了，所以我把棲木換成平台，請問可以這麼做嗎？

A

請尋找不會讓鳥兒發情的棲木。

經常磨屁股的話，臀部周圍的羽毛會磨損，有時會磨破肛門黏膜，排出血便，所以我認為換成平台確實會有效果。不過，讓健康的鳥兒一直站在平台不太好，因為牠們是用後腳跟支撐體重，後腳跟會長褥瘡。等到牠不磨屁股了，建議換回棲木，觀察情況。也可嘗試用不同形狀或顏色的棲木，找出不會誘發鳥兒磨屁股的棲木。有時就算只改變棲木的位置，也能制止鳥兒磨屁股。

後記

由衷感謝各位閱讀本書，我想各位應該已經知道，鳥兒的發情會對身體造成多大的影響，抑制發情是多麼重要的事，同時也明白了深入理解鳥兒的性衝動、協助牠們抑制發情，將有益於鳥兒的動物福祉。

持續抑制發情，對飼主的生活也許會造成負擔，效果不好或是鳥兒未如預期配合，也會讓人覺得煩躁。當鳥兒做了我們不希望牠們做的事，或是違反我們意圖的行為，我們也會感到生氣。不過，這些都是正常的反應。

寵物做出預期的表現時，我們會稱讚牠們是「好孩子」，但不符合預期，難道就是壞孩子嗎？那樣就不是好孩子了嗎？當然不是。鳥兒誕生在這世上，並不是為了回應我們的期待，是因為和飼主有緣才來到我們身邊，所以要心存感謝，認同牠們的個性。

然後，試著用鳥兒的心情去思考，牠們為何會做出違反飼主意圖的行為。說不定只是想引起飼主的關注，或是因為想離開鳥籠卻刻意忍耐，只好用那樣的方式發洩壓力。又或是飼主的傳達方式或做法不夠周全，使得鳥兒無法充分理解。

無論如何，重要的是飼主毋須自責。任何人都有無法忍耐的時刻。即便感情用事並不是好事，但也不必否認那樣的感情。生氣、沮喪的時候，先試著深呼吸，包容這樣的自己。雖然無法改變鳥兒的行為或個性，但我們可以改變自己。

透過各種經驗，改變與鳥兒的相處方式，飼主也會有所成長。那是鳥兒教會我們的事，不妨想成是鳥兒在協助我們成長。

最後，衷心感謝製作本書時，在X（前推特）回答問卷調查的廣大網友和提供圖片與影片的熱心人士，以及為本書盡心盡力的Graphic社的荻生編輯、協助描繪插畫的插畫家BIRDSTORY、soneta finishwork，還有讓我累積了許多經驗的鳥兒們。

期許本書能夠為飼主們與鳥寶們帶來更美好的生活。

橫濱小鳥醫院院長　海老澤和莊

特別感謝

照片提供（飼養用品）

・株式会社マルカン　・KiriToriSen　・Birds' Grooming Shop

照片提供（提供圖片與影片的各位）

・一大事きょうこ　@kyoko_ichidaiji
・うさ彦　@0315Miwa
・かりがね　@Kari_Gane_
・黄ハルのキスケ君　@kikkichanmarch
・きょんWonderful Opportunity @0225Dai
・くーさん　@ku_chibi_rin
・白い鳥　@pthannelhiro
・鳥頭乃芋　@15_slippy
・なおピッピ@インコの民　@Inaritonakama
・ニャンズとインコ様の下僕　@gumu_olap
・鳩　@10pun
・ぴょろり　@mofupyorori
・ぼんじゃ　@borichang
・み〜の@忍者インコのそらうめくうはな　@MMami981010
・むぎの飼い主　@princessMUGI92
・ゆうり　@ulfuls_soulful
・りーな　@ri__e__na
・aki @sophie3maria
・Kazuma Takezaki @KazumaTakezaki
・mii @meat_731
・omiya @omiya31147275
・S.A.T.O. @SATO49311603
・tokyoShiori　@tokyoshiori
・yamagonn(やまごん)　@yamagonn_twt
・いんこ日和　@Parakeet_PandG
・一樹　@kazuRS
・きこ　@kiko_mt
・きよら　@kiyora_MH
・きりこ　@kotaraifukuyuki
・くうぴっぴ　@OKAME5521
・しろきな - no inko no life - @shirochan_kina
・とりっ子　@AmVtgq
・ニトリン　@mipo_ring
・はじめママ　@pandapan0612
・パロ.com @palodotcom
・ボタンインコのピコキリ　@picobotan1015
・ぼんすー　@bon___chan
・モモコ　@BboxG0
・ゆきりん　@HeroesDb
・りん＆アイちゃん　@rinriniris
・k @pyooonka
・LOVE　BIRDS @laxmibird
・Nakarika @LiccaRin3
・Saku @Omochi_Ramune
・SWEETFISH @arrre_u_korrrn
・tom.noa.lua　@tom0408noa0303

此外，作者也在 X（前 Twitter）上獲得了許多飼主的問卷協助與回覆，
在此再次致上感謝。
問卷實施日期：2023年7月7日
問卷回覆人數：2,207人

參考文獻

※行首的頁碼請參考對應頁數

【第 1 章】

P.13 ◯ 石川創 . 動物福祉とは何か . 日本野生動物医学会誌 . 2010;15(1):1-3.

P.18 ◯ King AS, McLelland J. Birds their structure and function 2nd ed. Baillière Tindall, 1984.

P.21 ◯ リチャード・ドーキンス . 利己的な遺伝子〈増補新装版〉. 紀伊國屋書店 , 2006.

【第 2 章】

P.28~59 ◯ 海老沢和荘 . エキゾチック臨床シリーズ Vol.1 飼い鳥の診療　第二版 診療法の基礎と臨床手技 . 学窓社 , 2019.

P.28~59 ◯ Hudelson KS, Hudelson P. A brief review of the female avian reproductive cycle with special emphasis on the role of prostaglandins and clinical applications. J Avian Med Surg. 1996;10:67-74.

P.28~59 ◯ Sharp PJ. Strategies in avian breeding cycles. Anim Reprod Sci. 1996;42:1-4.

P.30~55 ◯ Luescher AU. Manual of Parrot Behavior. Blackwell Publishing, 2006.

P.31 ◯ Spoon T, Milliam J. The importance of mate behavioral compatibility in parenting and reproductive success by cockatiels, *Nymphicus hollandicus*. Anim Physiol. 2006;71:315–326.

P.32,54 ◯ Soma M, Iwama M. Mating success follows duet dancing in the Java sparrow. PLOS ONE. 2017;12:e0172655.

P.37,48 ◯ Lovette IJ, Fitzpatrick JW. THE CORNELL LAB OF ORNITHOLOGY HANDBOOK OF BIRD BIOLOGY 3rd ed. WILEY, 2016.

P.45 ◯ Dacke CG, et al. Medullary Bone and Avian Calcium Regulation. J Exp Biol. 1993;184 (1):63-88.

P.53 ◯ Zhang JX, et al., Uropygial glandsecreted alkanols contribute to olfactory sex signals in budgerigars. Chem Senses. 2010;35:375-382.

P.53 ◯ Zhang JX, et al., Uropygial gland volatiles may code for olfactory information about sex, individual, and species in Bengalese finches *Lonchura striata*. Curr Zool. 2009;55:357-365.

P.30~36, P.40~42 ◯ Kavanau L. Behavior and evolution: lovebirds, cockatiels, and budgerigars. Science Software Systems. Los Angeles, 1987.

P.38 ◯ 小川清彦ら . 雄日本ウズラ (Coturnix coturnix japonica) の排泄腔腺由来泡沫様物質の受精に及ぼす影響 . 鹿児島大学リポジトリ . 1973;35-40.

P.40~42 ◯ Hutchison RE. Influence of oestrogen on initiation of nesting behavior in female budgerigars. J Endocrinol. 1975;64:417-428.

P.45~51 ◯ Scanes CG. Sturkie's Avian Physiology 7th ed. Academic Press, 2022.

P.57,128 ◯ Yuta T, et al. Simulated hatching failure predicts female plasticity in extra-pair behavior over successive broods. Behav Ecol. 2018;29:1264-1270.

【鳥卵的二三事】

P.64 ◯ Banaszewska D., et al. Assessment of budgerigar (*Melopsittacus undulatus*)

hatching in private breeding. Acta Sci Pol Zootech. 2014;13(3):29-36.
P.70,73○ Kennedy ED. Determinate and indeterminate egg-laying patternsa review. Condor. 1991;93;106-124.
P.71○ Millam JB, et al. Egg production of cockatiels (*Nymphicus hollandicus*) is influenced by number of eggs in nest after incubation begins. Gen Comp Endocrinol. 1996;101:205-210.
P.71○ Myers SA, et al. Plasma LH and prolactin levels during the reproductive cycle of the cockatiel (*Nymphicus hollandicus*). Gen Comp Endocrinol. 1989;73:85-91.

【第 3 章】
P.82~143○ 海老沢和荘 . エキゾチック臨床シリーズ Vol.1 飼い鳥の診療　第二版 診療法の基礎と臨床手技 . 学窓社 , 2019.
P.85○ Earle KE, Clarke NR. The nutrition of the budgerigar (*Melopsittacus undulatus*). J Nutr. 1991;121:186S–192S.
P.109○ Gonzaga de Carvalho TS, et al. Reproductive Characteristics of Cockatiels (*Nymphicus hollandicus*) Maintained in Captivityand Receiving Madagascar Cockroach (*Gromphadorhina portentosa*) Meal. Animals. 2019;9:312.
P.109○ Houston DC, et al. The source of the nutrients required for egg production in zebra fnches *Poephila guttata*. J Zool. 1995;235:469-483.
P.113○ Coulton LE, et al. Effects of foraging enrichment on the behaviour of parrots. Anim Welf. 1997;6:357-64.
P.117~124○ Hudelson KS. A review of the mechanisms of Avian reproduction and their clinical applications. Semin Avian Exot Pet Med. 1996;5:189-198.
P.117○ Shields KM, Yamamoto JT, Millam JR. Reproductive behavior and LH levels of cockatiels (*Nymphicus hollandicus*) associated with photo-stimulation, nest-box presentation, and degree of mate access. Horm Behav. 1989;23:68-82.
P.118○ Saito N, et al. Seasonal changes in the reproductive functions of Java Sparrows (*Padda ryzivora*). Comp Biochem Physiol. 1992;101:459-463.
P.119○ https://sunrise.maplogs.com/ja/northern_territory_australia.12588.html
P.120○ https://sunrise.maplogs.com/ja/special_capital_region_of_ jakarta_indonesia.1076.html
P.127,201○ Tobin C, et al. Does audience affect the structure of warble song in budgerigars (*Melopsittacus undulatus*)?. Behav Processes. 2017;163:81-90.
P.141○ Crino OL, et al. Stress reactivity, condition, and foraging behavior in zebra finches: effects on boldness, exploration, and sociality. Gen Comp Endocrinol. 2017;244:101-107.

【第 4 章】
P.152○ Altman RB, et al. Avian Medicine and Surgery. WB Saunders, 1997;12-26.
P.155○ Schoemaker NJ. Gonadotrophin-Releasing Hormone Agonists and Other Contraceptive Medications in Exotic Companion Animals. Vet Clin North Am Exot Anim Pract. 2018,;21:443-464.

P.155○ Bowles HL, Zantop DW. Management of chronic egg laying using Leuprolide acetate. Proc Annu Conf Assoc Avian Vet. 2000;105-108.
P.155○ Bowles HL, Zantop DW. Management of cystic ovarian disease with Leuprolide acetate. Proc Annu Conf Assoc Avian Vet. 2000;113-117.
P.155○ Bowles HL. Update of Management of Avian Reproductive Disease with Leuprolide Acetate. Proc Annu Conf Assoc Avian Vet. 2001;7-10.
P.155○ Klaphake E, et al. Effects of Leuprolide Acetate on Selected Blood and Fecal Sex Hormones in Hispaniolan Amazon Parrots (*Amazona ventralis*). J Avian Med Surg. 2009;23:253-262.
P.157○ Zandi N, et al. Letrozole administration as a new way of regulating reproductive activity in female quail. J Appl Poult Res. 2019;28:1288-1296.
P.158○ Lupu CA. Evaluation of side effects of tamoxifen in budgerigars. J Avian Med Surg. 2000;14:237-242.
P.159○ Petritz OA, et al. Evaluation of the efficacy and safety of single administration of 4.7-mg deslorelin acetate implants on egg production and plasma sex hormones in Japanese quail (*Coturnix coturnix japonica*). Am J Vet Res. 2013;74:316-323.
P.159○ Petritz OA, et al. Evaluation of the effects of two 4.7mg and one 9.4mg deslorelin acetate implants on egg production and plasma progesterone concentrations in Japanese quail (*Coturnix coturnix japonica*). J Zoo Wild Med. 2015;46:789-797.
P.159○ Summa NM, et al. Evaluation of the effects of a 4.7-mg deslorelin acetate implant on egg laying in cockatiels (*Nymphicus hollandicus*). Am J Vet Res. 2017;78:745-751.

【第５章】

P.163~182○ 海老沢和荘．エキゾチック臨床シリーズ Vol.10　飼い鳥の鑑別診断と治療 Part 2. 学窓社，2013.
P.163~182○ Romagnano A. Avian obstetrics. Semin Avian Exot Pet Med. 1996;(5):180-188.
P.163~182○ Bowles HL. Reproductive diseases of pet bird species. Vet Clin North Am Exot Anim Pract. 2002;5:489-506.
P.163~182○ Scagnelli AM, Tully Jr TN. Reproductive Disorders in Parrots. Vet Clin North Am Exot Anim Pract. 2017;20:485-507.

【書末附錄】

○ Forshaw JM. Parrots of the World. Tfh Pubns Inc, 1978.
○ Morcombe MK. Field Guide to Australian Birds. Steve Parish Publishing, Australia, 2000.
○ Alderton D. The Ultimate Encyclopedia of Caged and Aviary Birds. Hermes House, London, 2003.
○ Budgerigar; Animal Diversity Web. https://animaldiversity.org/accounts/Melopsittacus_undulatus/
○ Green-cheeked Parakeet; Animal Diversity Web. https://animaldiversity.org/accounts/Pyrrhura_molinae/

- Collar, N. and P. F. D. Boesman (2020). Green-cheeked Parakeet (*Pyrrhura molinae*), version 1.0. In Birds of the World (J. del Hoyo, A. Elliott, J. Sargatal, D. A. Christie, and E. de Juana, Editors). Cornell Lab of Ornithology, 2020.
- Cockatiel; Animal Diversity Web. https://animaldiversity.org/accounts/Nymphicus_hollandicus/
- Rosy-faced lovebird; Animal Diversity Web. https://animaldiversity.org/accounts/Agapornis_roseicollis/
- Fischer's lovebird; Animal Diversity Web. https://animaldiversity.org/accounts/Agapornis_fischeri/
- Yellow-collared lovebird; Animal Diversity Web. https://animaldiversity.org/accounts/Agapornis_personatus/
- Bourke's parrot; Animal Diversity Web. https://animaldiversity.org/accounts/Neopsephotus_bourkii/
- Java finch; Aviculture Hub. https://www.aviculturehub.com.au/java-finch/
- Zebra finch; Animal Diversity Web. https://animaldiversity.org/accounts/Taeniopygia_guttata/
- Pacific parrotlet; Birds of the World. https://birdsoftheworld.org/bow/species/pacpar2/cur/introduction
- Japanese quail; Animal Diversity Web. https://animaldiversity.org/accounts/Coturnix_japonica/
- White-bellied parrot; Animal Diversity Web. https://animaldiversity.org/accounts/Pyrrhura_molinae/
- Clement P, et al. Finches and Sparrows. Helm, 1993.
- Sun parakeet; Animal Diversity Web. https://animaldiversity.org/accounts/Aratinga_solstitialis/
- Monk parakeet; Animal Diversity Web. https://animaldiversity.org/accounts/Myiopsitta_monachus/
- Common pigeon; Animal Diversity Web. https://animaldiversity.org/accounts/Columba_livia/
- Grey parrot; Animal Diversity Web. https://animaldiversity.org/accounts/Psittacus_erithacus/
- White cockatoo; Animal Diversity Web. https://animaldiversity.org/accounts/Cacatua_alba/
- Blue-and-yellow macaw; Animal Diversity Web. https://animaldiversity.org/accounts/Ara_ararauna/

20種鳥兒 抑制發情對策建議圖卡的使用方法

本書附錄彙整了鳥兒的發情相關資訊。
可以剪下和家中鳥寶相同種類的鳥兒圖卡，貼在平時經常會看到的地方，或是收在手帳之類的記事本內。
鳥兒的發情資訊依種類而異，請預先理解，並掌握符合家中鳥寶的正確資訊。
圖卡的內容包含「標準體重」、「一日餵食量」等參考數據，以及「發情行為」、「一次產卵數量（1窩蛋）」等資訊，請好好活用於平日的抑制發情。

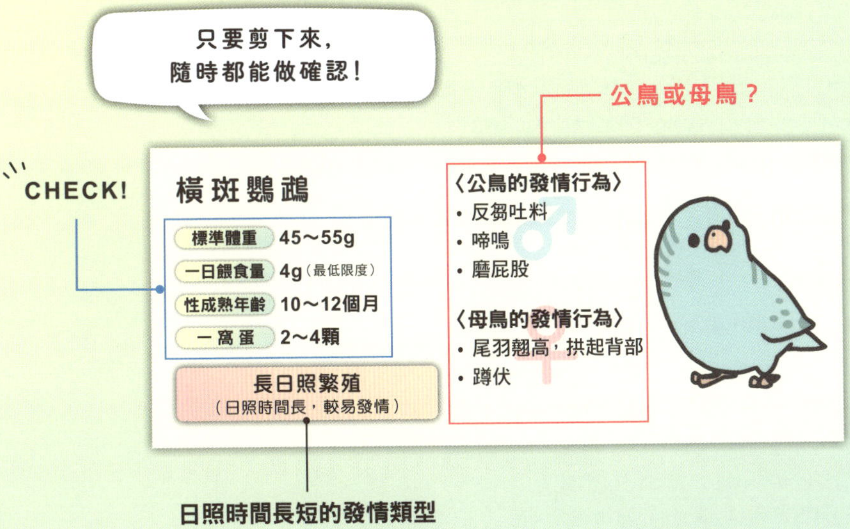

一起來　0ZDG0028

鳥友必備！寵物鳥「發情」應對手冊

鳥のお医者さんの「発情」の教科書

作　　者　海老澤和莊
譯　　者　連雪雅
主　　編　林子揚
編　　輯　張展瑜

總 編 輯　陳旭華 steve@bookrep.com.tw
出版單位　一起來出版／遠足文化事業股份有限公司
發　　行　遠足文化事業股份有限公司（讀書共和國出版集團）
　　　　　231 新北市新店區民權路 108-2 號 9 樓
　　　　　02-22181417
法律顧問　華洋法律事務所　蘇文生律師

封面設計　之一設計
內頁排版　新鑫電腦排版工作室
印　　製　凱林彩印股份有限公司
初版一刷　2025 年 9 月
定　　價　450 元
I S B N　978-626-7577-58-5（平裝）
　　　　　978-626-7577-63-9（EPUB）
　　　　　978-626-7577-64-6（PDF）

鳥のお医者さんの「発情」の教科書
著者：海老沢 和荘

This book was first designed and published in Japan in 2024 by Graphic-sha Publishing Co., Ltd.
This Complex Chinese edition was published in 2025 by Come Together Press, an Imprint of Walkers Cultural Co., Ltd.

Original edition creative staff
Illustrations: BIRDSTORY, Hideo Soneta (Soneta Finish Work)
Book design: Naoki Kurosu
Editor: Aya Ogiu (Graphic-sha Publishing Co., Ltd.)
Foreign edition Production and management: Takako Motoki, Ryoko Nanjo (Graphic-sha Publishing Co., Ltd.)

國家圖書館出版品預行編目（CIP）資料

鳥友必備！寵物鳥「發情」應對手冊 / 海老澤和莊 著 ; 連雪雅 譯 . -- 初版 . -- 新北市 : 一起來出版 , 遠足文化事業股份有限公司 , 2025.09
224 面 ; 14.8×21 公分 . --　（一起來 ; 0ZDG0028）
譯自 : 鳥のお医者さんの「発情」の教科書
ISBN 978-626-7577-58-5（平裝）
1. CST: 鳥類　2. CST: 寵物飼養
437.794　　114009090

虎皮鸚鵡

不太受日照時間長短影響
（基本上是長日照繁殖，但屬於非季節性繁殖，只要有充足的食物和水就會發情）

〈公鳥的發情行為〉
- 反芻吐料
- 臉部的變化
（頭或臉頰變得毛茸茸、眼睛變小等）
- 上下左右搖頭、啼鳴
- 磨屁股

〈母鳥的發情行為〉
- 眼睛變成豆豆眼，尾羽翹高，拱起背部
- 蹲伏

〈母鳥發情時的外表變化〉
- 蠟膜變得偏褐色
- 頭部出現橫紋
- 有發情臭

標準體重 30～45g【大頭虎皮鸚鵡：45～60g】
性成熟年齡 6～8個月
一日餵食量 3g（最低限度）【大頭虎皮鸚鵡：4g】
一窩蛋 4～7顆

情侶鸚鵡（愛情鳥）
（桃面愛情鳥、牡丹鸚鵡）

長日照繁殖
（日照時間長，較易發情）

〈公鳥的發情行為〉
- 反芻吐料
- 在母鳥身邊徘徊
- 磨屁股

〈母鳥的發情行為〉
- 撕紙
（公鳥也會這麼做，但沒有母鳥頻繁）
- 蹲伏
- 撒嬌，變得具攻擊性

標準體重 桃面：50～55g／牡丹：45～50g
性成熟年齡 6～12個月
一日餵食量 4～4.5g（最低限度）
一窩蛋 3～8顆

玄鳳鸚鵡

標準體重	85～110g
一日餵食量	5～7g（最低限度）
性成熟年齡	8～12個月
一窩蛋	4～7顆

不太受日照時間長短影響
（基本上是長日照繁殖，但屬於非季節性繁殖，只要有充足的食物和水就會發情）

〈公鳥的發情行為〉
- 張開翅膀擺動、啼鳴
- 磨屁股

〈母鳥的發情行為〉
- 尾羽翹高，拱起背部
- 蹲伏

綠頰錐尾鸚鵡
（綠頰小太陽）

標準體重	65～75g
一日餵食量	6g（最低限度）
性成熟年齡	1～2歲
一窩蛋	4～6顆

長日照繁殖
（日照時間長，較易發情）

〈公鳥的發情行為〉
- 反芻吐料
- 磨屁股

〈母鳥的發情行為〉
- 蹲伏
- 撒嬌，變得具攻擊性

伯克氏鸚鵡
（秋草鸚鵡）

標準體重	40～50g
一日餵食量	4g（最低限度）
性成熟年齡	9～12個月
一窩蛋	3～6顆

長日照繁殖
（日照時間長，較易發情）

〈公鳥的發情行為〉
- 反芻吐料
- 邊啼鳴邊移動，
  有時頭會用力往上抬
- 磨屁股

〈母鳥的發情行為〉
- 尾羽翹高，拱起背部
- 蹲伏

文鳥

短日照繁殖
（日照時間短，較易發情）

〈公鳥的發情行為〉
- 邊啼鳴邊蹦蹦跳跳（求偶舞）
- 磨擦鳥喙（喀噠聲）
- 磨屁股

〈母鳥的發情行為〉
- 回應公鳥的叫聲，磨擦鳥喙，隨之蹦跳
- 擺動尾羽
- 尾羽翹高，拱起背部
- 蹲伏

標準體重 23～28g　**性成熟年齡** 6～7個月
一日餵食量 2～4.2g（最低限度）　**一窩蛋** 4～7顆

日本鵪鶉

標準體重
90～160g
一日餵食量
7.2g（最低限度）
性成熟年齡
40～50日
一窩蛋
不明確

長日照繁殖
（日照時間長，較易發情）

〈公鳥的發情行為〉
- 啼叫
- 臀部膨大冒泡（泡沫狀分泌物）
- 磨屁股

〈母鳥的發情行為〉
- 尾羽翹高，拱起背部
- 蹲伏

斑胸草雀

標準體重
10～15g
一日餵食量
2.3g（最低限度）
性成熟年齡
3～4個月
一窩蛋
4～6顆

長日照繁殖
（日照時間長，較易發情）

〈公鳥的發情行為〉
- 啼鳴
- 磨擦鳥喙（喀噠聲）
- 磨屁股

〈母鳥的發情行為〉
- 尾羽翹高，拱起背部
- 蹲伏

橫斑鸚鵡

標準體重 45～55g

一日餵食量 4g（最低限度）

性成熟年齡 10～12個月

一窩蛋 2～4顆

長日照繁殖
（日照時間長，較易發情）

〈公鳥的發情行為〉
- 反芻吐料
- 啼鳴
- 磨屁股

〈母鳥的發情行為〉
- 尾羽翹高，拱起背部
- 蹲伏

太平洋鸚鵡

標準體重 28～32g

一日餵食量 3g（最低限度）

性成熟年齡 9～12個月

一窩蛋 4～6顆

長日照繁殖
（日照時間長，較易發情）

〈公鳥的發情行為〉
- 頭部扭動、反芻吐料
- 啼鳴
- 磨屁股

〈母鳥的發情行為〉
- 尾羽翹高，拱起背部
- 蹲伏
- 變得具攻擊性

白腹鸚鵡（白腹凱克）

標準體重 160～175g

一日餵食量 8.5g（最低限度）

性成熟年齡 2～4歲

一窩蛋 2～4顆

長日照繁殖
（日照時間長，較易發情）

〈公鳥的發情行為〉
- 反芻吐料
- 磨屁股

〈母鳥的發情行為〉
- 尾羽翹高，拱起背部
- 蹲伏

金絲雀

標準體重 12～30g

一日餵食量 2g（最低限度）

性成熟年齡 6～9個月

一窩蛋 3～5顆

長日照繁殖
（日照時間長，較易發情）

〈公鳥的發情行為〉
- 啼鳴
- 磨屁股

〈母鳥的發情行為〉
- 尾羽翹高，拱起背部
- 蹲伏

太陽鸚鵡（太陽鸚哥）

- 標準體重　105～125g
- 一日餵食量　8g（最低限度）
- 性成熟年齡　1～2歲
- 一窩蛋　3～4顆

長日照繁殖
（日照時間長，較易發情）

〈公鳥的發情行為〉
- 頭左搖右晃、跳舞
- 反芻吐料
- 磨屁股

〈母鳥的發情行為〉
- 頭上下擺動，拍動翅膀
- 尾羽翹高，拱起背部
- 蹲伏

和尚鸚鵡（塔樓鸚鵡）

- 標準體重　100～125g
- 一日餵食量　8g（最低限度）
- 性成熟年齡　1～2歲
- 一窩蛋　4～8顆

長日照繁殖
（日照時間長，較易發情）

〈公鳥的發情行為〉
- 反芻吐料
- 磨屁股

〈母鳥的發情行為〉
- 搬運巢材
- 尾羽翹高，拱起背部
- 蹲伏

藍頭鸚鵡

- 標準體重　234～295g
- 一日餵食量　14.5g（最低限度）
- 性成熟年齡　2～4歲
- 一窩蛋　3～5顆

長日照繁殖
（日照時間長，較易發情）

〈公鳥的發情行為〉
- 反芻吐料
- 磨屁股

〈母鳥的發情行為〉
- 翅膀微微振動
- 尾羽翹高，拱起背部
- 蹲伏

鴿子

- 標準體重　240～380g
- 一日餵食量　15.6g（最低限度）
- 性成熟年齡　6～7個月
- 一窩蛋　2顆

原本是長日照繁殖
（家禽化後，變成接近週年繁殖）

〈公鳥的發情行為〉
- 膨羽、跳舞
- 磨屁股

〈母鳥的發情行為〉
- 尾羽翹高，拱起背部
- 蹲伏

（可沿虛線剪下）

非洲灰鸚鵡

標準體重	380～460g
一日餵食量	21g（最低限度）
性成熟年齡	3～5歲
一窩蛋	3～5顆

長日照繁殖
（日照時間長，較易發情）

〈公鳥的發情行為〉
- 反芻吐料
- 開合翅膀、左右張望
- 磨屁股

〈母鳥的發情行為〉
- 尾羽翹高，拱起背部
- 蹲伏

粉紅鳳頭鸚鵡

標準體重	300～350g
一日餵食量	19g（最低限度）
性成熟年齡	3～4歲
一窩蛋	2～5顆

長日照繁殖
（日照時間長，較易發情）

〈公鳥的發情行為〉
- 反芻吐料
- 磨屁股

〈母鳥的發情行為〉
- 尾羽翹高，拱起背部
- 蹲伏

白鳳頭鸚鵡
（雨傘巴丹鸚鵡）

標準體重	530～750g
一日餵食量	26.5g（最低限度）
性成熟年齡	3～4歲
一窩蛋	2顆

長日照繁殖
（日照時間長，較易發情）

〈公鳥的發情行為〉
- 反芻吐料
- 張開翅膀
- 摩擦身體
- 磨屁股

〈母鳥的發情行為〉
- 摩擦身體
- 尾羽翹高，拱起背部
- 蹲伏

黃藍金剛鸚鵡

標準體重	900～1300g
一日餵食量	39g（最低限度）
性成熟年齡	3～6歲
一窩蛋	2～3顆

長日照繁殖
（日照時間長，較易發情）

〈公鳥的發情行為〉
- 反芻吐料
- 磨屁股

〈母鳥的發情行為〉
- 尾羽翹高，拱起背部
- 蹲伏